Baskar Mangalam
Amutha Sundarrajan
Muneeshwari Palanichamy

Deficiências de micronutrientes 20-40 anos Mulheres e desenvolvimento CD multimédia

Baskar Mangalam
Amutha Sundarrajan
Muneeshwari Palanichamy

Deficiências de micronutrientes 20-40 anos Mulheres e desenvolvimento CD multimédia

ScienciaScripts

Imprint
Any brand names and product names mentioned in this book are subject to trademark, brand or patent protection and are trademarks or registered trademarks of their respective holders. The use of brand names, product names, common names, trade names, product descriptions etc. even without a particular marking in this work is in no way to be construed to mean that such names may be regarded as unrestricted in respect of trademark and brand protection legislation and could thus be used by anyone.

Cover image: www.ingimage.com

This book is a translation from the original published under ISBN 978-620-2-05802-5.

Publisher:
Sciencia Scripts
is a trademark of
Dodo Books Indian Ocean Ltd. and OmniScriptum S.R.L publishing group

120 High Road, East Finchley, London, N2 9ED, United Kingdom
Str. Armeneasca 28/1, office 1, Chisinau MD-2012, Republic of Moldova, Europe
Printed at: see last page
ISBN: 978-620-7-85523-0

ÍNDICE

LISTA DE ABREVIATURAS

MDD	Micronutrient deficiency disorders
VAD	Vitamin A deficiency
IDD	Iodine deficiency disorder
IDA	Iron deficiency anaemia
IVD	Interactive video disc
T.V.	Television
IEC	Information, education and communication
IOTF	International obesity task force
BMI	Body mass index
ICMR	Indian council of medical research
RDA	Recommended dietary allowances
NNMB	National nutrition monitoring bureau
MDIS	Micronutrient deficiency information system
NIN	National institute of nutrition
ICN	International conference of nutrition
WHO	World health organization
FAO	Food and agricultural organization
cm	Centimeter
kg	Kilogram

CAPÍTULO 1
INTRODUÇÃO

A malnutrição é mais do que sentir fome ou não ter comida suficiente para comer. A ingestão inadequada de proteínas, calorias, ferro e outros nutrientes essenciais conduz à malnutrição. A má nutrição ocorre nos países em desenvolvimento, bem como nas zonas mais prósperas do mundo. Cerca de 800 milhões de pessoas em todo o mundo são afectadas pela malnutrição. Mais de metade das mortes infantis nos países em desenvolvimento estão relacionadas com a subnutrição (Anon, 2004a).

O corpo necessita de **micronutrientes** da dieta porque o corpo não produz todos os produtos de que necessita para um funcionamento ótimo. Os micronutrientes incluem as vitaminas A, B e C, o folato, o zinco, o cálcio, o iodo e o ferro. As três principais deficiências de micronutrientes no mundo em desenvolvimento são o ferro, o iodo e a vitamina A. A deficiência de ferro leva ao desenvolvimento de anemia por deficiência de ferro (AID). A carência de iodo leva ao desenvolvimento de bócio (doença por carência de iodo). A deficiência de vitamina A (DVA) é um problema médico grave a nível mundial porque é a principal causa de cegueira evitável nas crianças. O aleitamento materno é recomendado para prevenir a DVA nos bebés porque o leite materno é rico em vitamina A. A fortificação dos alimentos e o aumento da quantidade de fruta e vegetais na dieta são também formas importantes de reduzir a DVA. As mulheres grávidas são especialmente vulneráveis à DVA e à anemia por deficiência de ferro. Os alimentos ricos em ferro e os comprimidos de ácido fólico são tomados para prevenir a deficiência de ferro. A deficiência de iodo é prevenida através do consumo de alimentos ricos em iodo. O corpo humano necessita de cerca de 150 µg de iodo todos os dias, o que equivale a uma colher de chá (5g) durante uma vida de setenta anos (Anon, 2003).

Deficiências de micronutrientes - Cenário global

Deficiência de vitamina A (DVA)

A DVA entre as crianças dos países em desenvolvimento continua a ser a principal causa de deficiência visual grave e cegueira evitáveis e contribui significativamente para infecções graves e morte. De acordo com o Sistema de Informação sobre a Deficiência de Micronutrientes (MDIS), cerca de 2,8 milhões de crianças com menos de cinco anos de idade apresentam atualmente sinais de xeroftalmia clínica. No entanto, a grande maioria (90%) das crianças com deficiência de vitamina A apresenta sintomas subclínicos e um risco 20 vezes maior de morte devido a infecções graves associadas à deficiência de micronutrientes. A prevalência da DVA nas mulheres grávidas é desconhecida, mas nalguns países do Sudeste Asiático, a prevalência da cegueira nocturna foi registada como sendo de 10 a 20%. As informações actuais sugerem que 118 países têm DVA clínica ou subclínica (Islam *et al.*, 1991).

Anemia por deficiência de ferro (IDA)

A principal causa da anemia é a carência de ferro. A anemia por deficiência de ferro tem efeitos negativos profundos na saúde e no desenvolvimento humanos, incluindo o aumento da mortalidade materna e neonatal, a deterioração da saúde e do desenvolvimento dos bebés e das crianças, a limitação da capacidade de aprendizagem, a deterioração da função imunitária e a redução da capacidade de trabalho e de produção. A anemia por deficiência de ferro é, por conseguinte, um importante obstáculo ao desenvolvimento individual e nacional. Nos países desenvolvidos e em desenvolvimento, a anemia afecta cerca de 2 mil milhões de pessoas e 3,7 mil milhões são deficientes em ferro. Calcula-se que 58% das mulheres grávidas nos países em desenvolvimento sejam anémicas, o que faz com que os seus filhos tenham mais probabilidades de nascer com baixo peso e com reservas de ferro esgotadas. Uma análise global recente (OMS) mostrou que 31% das crianças com menos de cinco anos de idade nos países em desenvolvimento também são anémicas, sendo a maioria anemia por deficiência de ferro (AID), embora a malária e outras deficiências de nutrientes sejam importantes em algumas populações (Hill, 1998).

Perturbações por deficiência de iodo (IDD)

As deficiências de iodo constituem a maior causa de lesões cerebrais evitáveis no feto e no bebé e atrasam o desenvolvimento psicomotor das crianças pequenas. O espetro de condições patológicas resultantes da deficiência de iodo inclui cretinismo, surdo-mudez, estrabismo, diplegia espástica, atraso mental, nanismo, nados-mortos, anomalias congénitas e aumento da mortalidade perinatal. Estima-se que, atualmente, cerca de 911 milhões de pessoas (bebés, crianças e adultos) sofram de bócio, mais de metade das quais (52%) na Ásia, 16,1% em África, 15,9% na região do Mediterrâneo Oriental e 10,2% na Europa. Mais tragicamente, estima-se que 16,5 milhões de pessoas em todo o mundo sejam cretinas e é provável que outros 49,5 milhões sofram formas menos graves, embora ainda mensuráveis, de lesões cerebrais devido à deficiência de iodo (Anon, 2004b).

As carências de micronutrientes são uma forma de malnutrição causada por carências de vitaminas e minerais dos regimes alimentares que são essenciais para a saúde, o crescimento e o desenvolvimento humanos. Esta forma de subnutrição é frequentemente um importante problema de saúde pública nos países em desenvolvimento. As carências de micronutrientes colocam as pessoas em risco acrescido de mortalidade precoce, doença e incapacidade. As populações mais vulneráveis à malnutrição por micronutrientes são os bebés, as crianças pequenas e as mulheres grávidas, devido às suas necessidades alimentares mais elevadas (Anon, 2006).

Deficiências de micronutrientes - Cenário indiano

As carências de micronutrientes são uma causa significativa de malnutrição e de problemas de saúde associados em todo o mundo. Isto é particularmente verdade no mundo em desenvolvimento, onde quase 20% da população sofre de deficiência de iodo, cerca de 25% das crianças têm DVA sub-clínica e mais de 40% das mulheres são anémicas. As carências de micronutrientes conduzem também a um crescimento e desenvolvimento cognitivo deficientes, a malformações congénitas, à cegueira por cretinismo, bem como a uma diminuição das actividades físicas e a um estado de saúde geral deficiente (Bulusu, 2000).

As carências de iodo, vitamina A e ferro são prevalecentes na Índia, sendo os grupos mais susceptíveis as mulheres grávidas e os bebés. Os inquéritos revelaram que 235 dos 275 distritos são endémicos em termos de IDD. A iodização do sal foi a estratégia utilizada nos programas nacionais de IDD iniciados em 1992. Em 1991, a prevalência da anemia entre as mulheres grávidas foi registada em 88%. Os esforços para reduzir a prevalência da anemia incluem a distribuição de comprimidos de ferro-folato às mulheres grávidas. As DVA afectam principalmente as crianças do ensino primário. Estas são alvo de programas de sobrevivência infantil que distribuem cápsulas de vitamina A (Hill, 1998).

Foram registadas deficiências de vitamina A, nomeadamente cegueira, bem como distúrbios de iodo em crianças de certos distritos. Embora o Décimo Plano Quinquenal 2002-2007 inclua a prevenção, a deteção e a gestão do programa de micronutrientes, a maioria da população indiana continua a ser pobre, com 25% a viver abaixo do limiar nacional de pobreza e 80% a viver com menos de 2 dólares americanos por dia, o que significa que muitas pessoas simplesmente não têm meios para adquirir uma alimentação adequada para sustentar uma vida saudável e produtiva (Anon, 2006).

Estratégias para combater a malnutrição por micronutrientes

É necessária uma estratégia plurianual

- Promoção da diversidade alimentar

- Prestar assistência aos grupos vulneráveis através de suplementos

- Melhorar, a médio prazo, a ingestão de micronutrientes por toda a população através da fortificação dos alimentos e

- Medidas de saúde pública (Khader, 2006).

Importância dos micronutrientes e fontes

Os micronutrientes são as vitaminas e os minerais necessários em quantidades muito pequenas que devem ser fornecidos por uma variedade de alimentos na dieta. Factores económicos e políticos, as soluções bem sucedidas envolverão a comunicação e a organização comunitária, bem como programas relacionados com a alimentação e a agricultura. A nível mundial, a nutrição melhorou nas últimas décadas, mas a subnutrição, incluindo as carências em micronutrientes, é generalizada. A insegurança alimentar e a desnutrição, a suplementação e as chamadas estratégias baseadas nos alimentos, que incluem a educação nutricional e a fortificação dos alimentos. Este estudo centrou-se em micronutrientes como a vitamina A, o ferro, o iodo e a riboflavina (Muhilal, 1996).

Vitamina A

A vitamina A é um nutriente essencial necessário em quantidades muito pequenas para manter uma saúde normal. Desempenha várias funções críticas no organismo, incluindo o funcionamento normal dos olhos e a proteção do corpo contra doenças e infecções. Os alimentos de baixo custo, como os vegetais de folha verde e certos frutos e vegetais amarelos, são ricos em provitamina A; o consumo regular destes alimentos em quantidades adequadas pode prevenir a DVA (Islam *et al.*, 1991).

Ferro

O ferro é um elemento essencial para o corpo humano. Estima-se que o teor total de ferro de um homem adulto normal (70kg) seja de cerca de 4-5g. O aumento do consumo de carne e peixe é rico em ferro biodisponível e em alimentos ricos em vitamina C e melhora a absorção do ferro proveniente de fontes vegetais. Além disso, a fortificação com ferro dos alimentos habitualmente consumidos pode ajudar a prevenir a anemia (Leela e Priya, 2002).

Iodo

O iodo é um elemento essencial para o organismo. O corpo humano necessita de cerca de 150 µg de iodo todos os dias, o que equivale a uma colher de chá (5g) para uma vida de setenta anos. Os frutos do mar, que são uma boa fonte de iodo, muitas vezes não estão disponíveis para os grupos vulneráveis à deficiência de iodo. A adição de iodo ao sal é o método comum e eficaz para prevenir a deficiência de iodo (Anon, 2005).

Riboflavina

Esta vitamina está amplamente distribuída em alimentos vegetais e animais, em pequenas quantidades. Fontes alimentares como o leite, o queijo, o fígado, os ovos e os vegetais de folha. As leguminosas e as carnes magras contêm quantidades apreciáveis de riboflavina (Manay & Swamy, 2005).

As necessidades diárias de quatro micronutrientes são as seguintes

Micronutrients	Normal women	Pregnant women	Lactating women
Iodine (µg)	150	175	200
Iron (µg)	30	38	32
Vitamin-A (µg)	2400	2400	3800
Riboflavin (mg)	1.3	1.5	1.6

(Manay & Swamy, 2005 e Gopalan *et al.*, 2004)

Educação nutricional através de um disco compacto multimédia

A educação nutricional foi definida como medidas educativas destinadas a induzir mudanças de comportamento desejáveis para a melhoria final do estado nutricional do indivíduo e da família (Devadas *et al.*, 1982a).

O multimédia, que engloba todas as formas tradicionais de comunicação, como o vídeo, os gráficos, o áudio, a animação e o texto. Trata-se de um excelente instrumento de comunicação alargada. O computador integra todos estes meios de comunicação numa única plataforma e proporciona interatividade ao sistema. Este é essencialmente o poder do multimédia, integrando formas variadas de meios de comunicação e dando controlo aos aprendentes para que possam utilizá-los exatamente da forma que desejarem. As tecnologias multimédia mais populares são o disco de vídeo interativo (IVD) e o multimédia digital (Senthilkumar, 2004).

O multimédia descreve a utilização de diferentes meios e tecnologias para apresentar a informação de várias formas. As imagens e os sons da informação são técnica e esteticamente integrados e depois focados num ponto específico. Os componentes multimédia, como os gráficos, a animação e o som, melhoram o processo de extensão através da visualização. A animação pode explicar muitos processos complexos melhor do que o texto e os gráficos, e a música pode proporcionar um prazer adicional ao estudo do material de extensão. Esta tecnologia pode ajudar os extensionistas e os cientistas a integrar a modelação, a visualização e o processo de tomada de decisões, associados aos sistemas de educação nutricional (Devraj *et al.*, 2001).

A educação nutricional e sanitária é um ingrediente importante para uma boa vida familiar. "Em termos de recursos para o desenvolvimento económico de um país, nada é mais vital do que a saúde das pessoas. A ignorância é uma das causas principais das doenças, o que exige uma educação nas zonas rurais" (Devadas *et al.*, 1982b).

A educação nutricional na comunidade é a aplicação da ciência da nutrição à vida quotidiana das pessoas. O seu objetivo deve ser a mudança de atitude e de comportamento em domínios que são cruciais para as deficiências nutricionais (Mohapatra *et al.*, 1985).

A utilização eficaz das estratégias de informação, educação e comunicação (IEC) é o cerne do marketing social. A presente investigação foi realizada para estudar a "Prevalência de deficiências de micronutrientes (mulheres entre os 20 e os 40 anos) e o desenvolvimento de um disco compacto multimédia para a educação nutricional" com os seguintes objectivos

1. Estudar a prevalência de deficiências de micronutrientes (mulheres de 20 a 40 anos) no distrito de Madurai.

2. Foi utilizado um questionário pré-testado para recolher as informações necessárias sobre os seus conhecimentos acerca das doenças causadas pela deficiência de micronutrientes e para avaliar o estado socioeconómico e nutricional dos inquiridos seleccionados.

3. Desenvolvimento de um disco compacto multimédia sobre os benefícios para a saúde da vitamina A, do ferro, do iodo e da riboflavina e realização de educação nutricional.

4. Avaliar a aquisição e a retenção de conhecimentos entre os inquiridos a partir da educação nutricional.

CAPÍTULO 2
REVISÃO DA LITERATURA

Neste capítulo, a literatura relacionada com este estudo intitulado "Prevalência de deficiências de micronutrientes (mulheres entre os 20 e os 40 anos) e desenvolvimento de um disco compacto multimédia para educação nutricional" foi apresentada sob os seguintes títulos.

2.1. Prevalência de deficiências de micronutrientes.

2.2. Identificação de carências de micronutrientes.

2.3. Estado socioeconómico e nutricional.

2.4. Educação nutricional através de disco compacto multimédia.

2.1. PREVALÊNCIA DE DEFICIÊNCIAS DE MICRONUTRIENTES

2.1.1. Deficiências de micronutrientes no mundo

Demaeyer e Adiels (1985) afirmaram que a anemia devida à deficiência de ferro é um dos principais problemas nutricionais no mundo, afectando cerca de 2170 milhões de pessoas, 90% das quais se encontram nos países em desenvolvimento.

Laurberg *et al.* (1993) referiram que a ingestão de iodo na Dinamarca influencia o padrão de doenças da tiroide e que, entre 238 mulheres idosas, 8,0% tinham sido submetidas a cirurgia à glândula tiroide por bócio e outras 4,2% tinham bócio de grau II ou III.

Schultink *et al.* (1996) revelaram que a AID é um importante problema de saúde pública nos países em desenvolvimento. A sua prevalência entre as mulheres grávidas e as crianças em idade pré-escolar é particularmente elevada. No Sudeste Asiático, estima-se que se situe entre 50 e 70 por cento.

A deficiência de vitamina A (subclínica) afecta cerca de 285 milhões (42%) de crianças com menos de cinco anos de idade em todo o mundo. A DVA afecta 256 milhões de crianças em mais de 75 países do mundo em desenvolvimento. Dos 2,7 milhões de crianças em idade pré-escolar que sofrem de lesões oculares resultantes desta deficiência, estima-se que 3.50.000 ficam cegas todos os anos e até 60% morrem poucos meses depois de ficarem cegas (OMS, 1998).

Arora (2000) referiu que, de acordo com a OMS, a anemia devida à deficiência de ferro é um problema nutricional importante no mundo que afecta 2170 milhões de pessoas, das quais 90 por cento podem ser dos países em desenvolvimento.

Bulusu (2000) estimou que cerca de 2 mil milhões de pessoas eram afectadas por deficiência de ferro (35% da população mundial), 1,6 mil milhões viviam em zonas deficientes em iodo, 655 milhões tinham bócio, 11 milhões eram afectadas por cretinismo e 54 milhões de crianças com menos de 5 anos de idade tinham deficiência clínica ou subclínica grave ou moderada de vitamina A em todo o mundo.

Diosady *et al.* (2002) realizaram um estudo sobre o microencapsulamento para a estabilidade do iodo no sal fortificado com fumarato ferroso e iodeto de potássio e afirmaram que a fortificação do sal com iodo e ferro é uma abordagem atractiva para a redução simultânea da anemia e dos distúrbios por deficiência de iodo (DDI), que afectam cerca de 2 mil milhões de pessoas no mundo em desenvolvimento.

O relatório do estudo de Navarrete *et al.* (2002) indicou um défice de ferro (alteração da ferritina sérica) na população espanhola. A taxa de prevalência é de 19% em crianças dos 0,5 aos 3 anos de idade, 14% para os 4-8 anos de idade, 10% para os 8-12 anos de idade, 11% para os 12-16 anos de idade, 1% para os homens entre os 18 e os 54 anos de idade e 1% para as mulheres entre os 54 e os 65 anos de idade.

Globalmente, 127,2 milhões de crianças em idade pré-escolar são afectadas pela deficiência de vitamina A, o que representa 25% das crianças em idade pré-escolar nas regiões de alto risco do mundo em desenvolvimento. Quarenta e quatro por cento delas vivem no Sul e no Sudeste Asiático (Sachithananthan e Chandrasekhar, 2005).

Quase 20% da população sofre de deficiência de iodo; cerca de 25% das crianças têm uma deficiência subclínica de vitamina A e 40-60% sofrem de anemia.

A prevalência global de indivíduos com anemia por deficiência de ferro, estimada em mil milhões em 1990, é atualmente de 1,4 mil milhões (Anon, 2006).

2.1.2. Deficiências de micronutrientes na Índia

A malnutrição significa essencialmente "má alimentação" e é causada principalmente pela ingestão inadequada de macronutrientes (calorias e proteínas) e micronutrientes (vitamina A, ferro, iodo, etc.). É também causada por perdas de nutrientes resultantes de infecções e ainda agravada por alterações metabólicas no corpo.

Bhaskarani e Mahanta (1996) referiram que a deficiência de vitamina A é um importante problema nutricional controlável nos países em desenvolvimento. Foi referido que 25 por cento dos cegos do mundo vivem na Índia.

Num estudo efectuado pelo National Nutrition Monitoring Board (NNMB) (1996) em 10 estados da Índia, a prevalência da DVA era mais baixa em Kerala (0,3%) e mais alta em Madhya Pradesh (3,6%). Dos 40 distritos inquiridos, 34 referiram uma prevalência de manchas de Bitot de pelo menos 0,5%, o que indica que a DVA é um problema de saúde significativo (Chakravarty, 2000).

Underwood (2000) estudou a forma de ultrapassar as carências de micronutrientes nos países em desenvolvimento e estimou que 3,5 a 5 mil milhões de pessoas têm carências de ferro, 2,2 mil milhões têm carências de iodo e 140 a 250 milhões têm carências de vitamina A.

A anemia por deficiência de ferro é uma das perturbações nutricionais mais comuns em todo o mundo, especialmente na Índia e noutros países em desenvolvimento. As crianças pequenas e as mulheres em idade reprodutiva são as mais vulneráveis à anemia por deficiência de ferro. Um estudo recente sobre a prevalência e a etiologia da anemia nutricional na primeira infância numa zona urbana de favelas do leste de Deli indicou uma elevada prevalência (76%) de anemia e deficiência de ferro em 41% das crianças. Estudos anteriores do NIN, Hyderabad e outros estudos anteriores a 1985 revelaram uma taxa média de prevalência de anemia de 68% em crianças em idade pré-escolar (Anon, 2000). Cerca de

30 por cento da população mundial é anémica e cerca de metade destes casos devem-se à deficiência de ferro (Anuradha e Sangeetha, 2001).

A incidência de baixo peso à nascença na Índia é de 33%, com valores que variam entre 26 e 57% nos bairros de lata urbanos e 35 e 41% nas comunidades rurais. O peso à nascença do recém-nascido e a incidência de baixo peso à nascença estão significativamente correlacionados com o estado nutricional das mães, uma vez que o risco de baixo peso à nascença é três vezes maior em mulheres anémicas do que em mulheres grávidas normais (Paul e Vijayalakshmi, 2002).

Chandra *et al.* (2003) estudaram o bócio endémico na zona rural de Gangetic West Bengal. A prevalência global de bócio na aldeia era de 44,49 por cento. O bócio foi encontrado mesmo entre as crianças do grupo etário dos 0-5 anos. A prevalência total de bócio em crianças dos 6 aos 12 anos era de 65,58%, sendo mais baixa (57,33%) no grupo etário dos 13 aos 18 anos. Verificou-se uma diminuição adicional da prevalência de bócio (43,44%) e, subsequentemente, a taxa de prevalência foi de apenas 30,80% na população com mais de 40 anos de idade. O rácio de prevalência feminino/masculino foi de 1,92, indicando que as mulheres eram mais susceptíveis ao bócio do que os homens.

Palta e Gurwara (2003) realizaram um estudo sobre a hemoglobina e a eficiência cardiovascular de raparigas adolescentes e afirmaram que a proporção global de anemia na Índia está estimada em 80 a 90% entre as mulheres grávidas e 29% entre as crianças em idade escolar.

Vijayalakshmi e Priya (2003) afirmaram que o sal comum tem recebido preferência pela fortificação pela simples razão de que é transversal ao estatuto social e é utilizado por toda a gente, e a suplementação do sal fortificado pode resultar numa melhoria do estado nutricional de ferro e de iodo. O autor sugeriu que o iodo no sal teria desempenhado um papel positivo na mobilização das reservas de ferro. O valor reduzido da hormona estimulante da tiroide após a suplementação parece sugerir que o sal duplamente fortificado pode ajudar a reduzir a incidência de bócio.

Biswas *et al.* (2004) referiram que a taxa de prevalência do bócio em Bengala Ocidental é de cerca de 21,3 por cento. Neste estudo, verificou-se que a prevalência de bócio era de 6,73% entre os alunos seleccionados. A prevalência de bócio entre as crianças do sexo masculino e feminino foi de 8,14% e 5,12%, respetivamente. De acordo com a OMS, o bócio é classificado em três graus. O grau 0 refere-se à ausência de bócio palpável ou visível, o grau I refere-se ao aumento da tiroide palpável mas não visível e o grau II refere-se a um inchaço no pescoço visível quando o pescoço está numa posição normal e consistente com um aumento da tiroide quando o pescoço é palpado.

Um estudo realizado por Satapathy *et al.* (2004) sobre a prevalência do bócio no sul de Orissa, dos 30 distritos de Orissa, seis distritos foram objeto de um inquérito sobre o bócio realizado pela célula IDD do serviço distrital de saúde (DHS), em Orissa, e verificou-se que todos os seis distritos apresentavam uma elevada prevalência de bócio entre a população, nomeadamente (Cuttack - 21,6%, Puri - 19,3%, Keonjhar - 14,9%, Sundergarh - 33,5%, Nuapada - 14,4% e Bargarh - 10,8%).

Lodha *et al.* (2005) afirmaram que mais de 300 milhões de pessoas na Índia são afectadas por uma ou mais deficiências de micronutrientes e que mil milhões de pessoas, quase todas nos países em desenvolvimento, sofrem os efeitos da fome oculta e outros mil milhões correm o risco de ser vítimas deste grave problema. Mais de metade das mulheres e 60% das crianças na Índia são anémicas.

A prevalência entre as mulheres grávidas do sul do Sudeste Asiático varia entre 13% na

Tailândia e a prevalência mais elevada de 88% na Índia (Vijayaraghavan, 2007).

2.2. IDENTIFICAÇÃO DE CARÊNCIAS DE MICRONUTRIENTES E CONSUMO ALIMENTAR

2.2.1. Identificação das carências de micronutrientes

Punia *et al.* (1997) apresentaram um relatório sobre as práticas de alimentação e desmame dos lactentes em zonas culturais seleccionadas de Haryana. Foi preparado e utilizado um programa de entrevistas estruturado pré-testado para obter as informações e os dados foram recolhidos através do método de entrevista pessoal.

Kapil *et al.* (1998) utilizaram um questionário pré-testado para obter informações sobre o estatuto socioeconómico dos indivíduos. Foram efectuadas visitas domiciliárias e a ingestão alimentar de cada indivíduo foi avaliada por um nutricionista formado, utilizando o método de recordação de 24 horas. Foram utilizados instrumentos normalizados para obter a recordação dos alimentos crus utilizados para cozinhar para toda a família, o volume de alimentos cozinhados e o volume de alimentos cozinhados consumidos por cada indivíduo e os dados foram avaliados.

Dahiya (2003) estudou o perfil das raparigas adolescentes rurais e urbanas do distrito de Hisar, em Haryana. A amostra era constituída por 200 inquiridos, dos quais 100 eram urbanos e 100 rurais, e foram recolhidas informações sobre vários parâmetros através de um programa de entrevistas bem estruturado e pré-testado. Com base nas respostas obtidas no pré-teste, foram efectuadas alterações para tornar o programa de entrevistas mais funcional.

Jain e Singh (2003) recolheram informações sobre o perfil da família, a idade, o estado civil, os antecedentes obstétricos, os sinais clínicos de deficiência nutricional e o padrão de morbilidade, tendo-se verificado que as mulheres com empregos sedentários gastavam menos energia e ingeriam mais energia, o que resultava numa elevada prevalência de obesidade.

Kumar *et al.* (2003) recolheram a informação relativa ao perfil geral dos indivíduos, seguida de um teste de conhecimentos sobre a vitamina A, tal como sugerido por Singh *et al.* (1993). Foi utilizado um questionário composto por 20 perguntas de escolha múltipla relacionadas com as funções da vitamina A, a deficiência, os sinais, as necessidades diárias, as fontes alimentares importantes e o programa de profilaxia, tanto para o grupo experimental como para o grupo de controlo. Devido à grande variação nas pontuações obtidas pelos sujeitos, o nível de conhecimento foi dividido em três categorias, a saber, baixo, médio e alto. Por conseguinte, o número de inquiridos que obtiveram as pontuações nas diferentes categorias foi classificado como baixo (0 a 33%), médio (34 a 66%) e elevado (67 a 100%).

Satapathy *et al.* (2004) afirmaram que a população do estudo foi selecionada através de visitas domiciliárias. O estudo foi efectuado no aglomerado onde foram entrevistadas 40 crianças. Os pais de um adulto responsável (de preferência mulheres) nos agregados familiares foram entrevistados para recolher informações sobre conhecimentos, crenças e práticas sobre a utilização de sal iodado pelo agregado familiar. Os proprietários de lojas de retalho da área/aldeia também foram entrevistados relativamente à aquisição, armazenamento e venda de sal.

Subapriya e Chandrasekhar (2005) realizaram um estudo sobre a deficiência materna de vitamina A em áreas seleccionadas de Tamilnadu. Foram incluídas no estudo cerca de 10 000 mulheres grávidas, que foram entrevistadas com recurso a um programa de entrevistas especialmente concebido para obter informações sobre os seus antecedentes socioeconómicos, e foram submetidas a um rastreio de sintomas clínicos, como cegueira nocturna, xerose conjuctival, manchas de betume, lesões da córnea, hiperqueratose folicular e fyrnoderma, com a ajuda de médicos e de pessoal especialmente formado dos centros de saúde.

2.2.2. Consumo alimentar

O consumo de alimentos é um dos factores determinantes do estado nutricional, pelo que a avaliação do regime alimentar é parte integrante dos inquéritos nutricionais. Os inquéritos dietéticos fornecem indicadores sobre os tipos de alimentos que as pessoas consomem e a forma como são cozinhados e consumidos.

É obviamente importante ter um conhecimento detalhado sobre os regimes alimentares efetivamente consumidos pela comunidade, tanto para avaliar a sua adequação nutricional como para tomar medidas para corrigir as deficiências nos regimes alimentares. Os dados relativos às dietas consumidas pelas diferentes categorias da população podem ser obtidos através da realização de inquéritos sobre a dieta (Swaminathan, 1969).

Bayani (2000) estudou que o rendimento em vitamina A das hortas caseiras era, em média, 134,6% da dose diária recomendada (DDR) percapita por colheita durante o período de pico e 84,3% da DDR durante os meses de escassez. A produção de ferro foi, em média, de 60,7% e 34,7% da DDR percapita por colheita durante o período de pico e os meses de escassez, respetivamente. A produção média de vitamina C foi três vezes superior às necessidades per capita. As crianças em idade pré-escolar dos agregados familiares com hortas domésticas consumiam mais legumes e frutas e, consequentemente, tinham um consumo mais elevado de vitamina A, vitamina C e ferro do que os agregados familiares sem hortas domésticas.

Chakravarty (2000) realizou um estudo sobre estratégias baseadas em alimentos para controlar a deficiência de vitamina A e relatou dados qualitativos de inquéritos sobre dietas. O estudo revelou que as dietas eram adequadas apenas em vitamina C, B1 e B2, mas eram deficientes em proteínas (3%), gorduras (1,9%), cálcio (19%), ferro (4,8%) e caroteno (30%). Cerca de 77% das famílias tinham uma ingestão deficiente de vitamina A (423 μg).

Rahman e Rao (2001) efectuaram um estudo para quantificar as variações nos padrões alimentares e na ingestão de nutrientes das famílias em função do seu rendimento, utilizando métodos estatísticos adequados. O estudo revelou que os padrões de consumo de alimentos eram diferentes entre famílias com grupos de rendimento baixo, médio, médio superior e alto. A ingestão média de alimentos como os cereais totais e o painço diminuiu significativamente com o aumento do rendimento per capita. A ingestão de alimentos de qualidade aumentou significativamente com o aumento do rendimento per capita. A ingestão de quase todos os nutrientes foi inferior às necessidades normais entre as pessoas de baixo rendimento. Nas famílias dos grupos de rendimento superior, médio e alto, o consumo era superior à DDR.

Bhanot e Chauhan (2003) efectuaram um estudo sobre o perfil alimentar das mulheres de uma aldeia do leste de Utter Pradesh, utilizando o método de recordação de vinte e quatro horas. Foram registadas informações sobre a natureza, a qualidade e as quantidades de alimentos crus e cozinhados consumidos no dia anterior. Foi utilizado um calendário para recolher informações sobre o padrão de consumo alimentar e os hábitos alimentares dos indivíduos e das suas famílias.

Prabhakaran (2003) referiu que o consumo médio diário de proteínas do grupo-alvo era inferior à DDR. Verificou-se que o consumo médio de cálcio era quase igual à DDR, ao passo que, no caso do ferro, era muito inferior devido ao consumo insuficiente de vegetais de folha verde e de outros alimentos ricos em ferro. A ingestão média diária de β-caroteno, tiamina, riboflavina e niacina era inferior à DDR.

Tatia e Taneja (2003) referiram que a ingestão alimentar foi obtida através do método de recordatório alimentar de 24 horas. A ingestão de nutrientes foi calculada a partir dos dados de consumo alimentar de indivíduos individuais e de tabelas de consumo alimentar e foi comparada com as doses dietéticas recomendadas (RDA).

Mohankumar e Bhavani (2004) estudaram os nutrientes como o ferro, o cálcio e o teor de ácido ascórbico disponíveis na couve-flor. No entanto, as folhas da couve-flor têm mais cálcio e ferro do que alguns dos legumes de folha verde vulgarmente utilizados.

2.3. ESTADO SOCIOECONÓMICO E NUTRICIONAL

2.3.1. Características socioeconómicas das mulheres rurais inquiridas

2.3.1.1. Idade

Meenakshisundaram (1990) verificou que 48,33% das mulheres agricultoras pertenciam ao grupo etário jovem, seguido do grupo etário idoso e do grupo etário médio, que constituíam 33 e 18%, respetivamente.

Jain e Singh (2003) seleccionaram uma amostra composta por cem mulheres com idades compreendidas entre 25 e 50 anos, excluindo as mulheres grávidas, lactantes e pós-menopáusicas.

Vijayalakumar *et al.* (2006) indicaram que 48% dos sujeitos seleccionados têm entre 20 e 30 anos e 52% dos sujeitos seleccionados têm entre 31 e 40 anos.

2.3.1.2. Estatuto académico

Gogoi e Bhattacharyya (2003) referiram que mais de metade dos inquiridos (95,6%) eram analfabetos.

Vijayakumar *et al.* (2006) indicaram no seu estudo que cerca de 34,9% tinham o ensino primário, 20,6% o ensino médio, 9,7% o ensino secundário e 15,1% o ensino superior.

2.3.1.3. Situação dos rendimentos

Premakumari *et al.* (2003) afirmaram que o nível de rendimento mensal das famílias variava entre 4.200 e 6.300 rupias. No entanto, todas as famílias tinham o mesmo rendimento per capita de 1050 rupias.

Subapriya e Chandrasekar (2005) diferenciaram o estatuto do rendimento de acordo com a classificação HUDCO.

Vijayakumar *et al.* (2006) afirmaram que, de acordo com a classificação HUDCO, quase 73% dos indivíduos pertenciam ao grupo de rendimentos muito baixos, 17% pertenciam ao grupo de rendimentos baixos, 6% ao grupo de rendimentos médios e apenas 3% dos indivíduos pertenciam ao grupo de rendimentos altos.

2.3.1.4. Religião

Mridula *et al.* (2003) afirmaram que mais de 80 por cento das mães eram de religião hindu, 15,83 por cento eram muçulmanas e 1,67 por cento eram de religião sikh.

Shanmugapriya e Amutha (2006) referiram que os inquiridos que pertenciam à religião hindu eram 94% em comparação com 4% e 2% para as religiões cristã e muçulmana, respetivamente.

Vijayakumar *et al.* (2006) afirmaram que 96,6 por cento dos sujeitos eram hindus, 2,7 por cento dos sujeitos eram muçulmanos e 0,6 por cento dos sujeitos seleccionados eram cristãos.

2.3.1.5. Comunidade

Banumathi e Banumathi (2001) referiram que mais de cinquenta e seis, quarenta e dois e dois por cento dos inquiridos pertencem à casta mais atrasada, à casta mais atrasada e à casta mais atrasada, respetivamente.

2.3.1.6. Tipo de família

Banumathi e Banumathi (2001) descobriram que 84 e 16% dos inquiridos das famílias seleccionadas pertenciam a uma família nuclear e a uma família conjunta, respetivamente. A maioria (36,00%) dos inquiridos tinha normas familiares pequenas, 42,00% tinham normas familiares médias e os restantes 2% pertenciam a famílias grandes.

Shanmugapriya e Amutha (2006) descobriram que 81% dos inquiridos pertenciam a uma família nuclear e 19% pertenciam a uma família conjunta, respetivamente, e 54% dos inquiridos tinham menos de quatro membros na sua família.

2.3.1.7. Estado civil

Gogoi e Battacharyya (2003) afirmaram que 95,5 por cento dos inquiridos eram casados.

Subapriya e Chandrasekar (2005), Hemalatha *et al.* (2000), Paul e Vijayalakshmi (2002) afirmaram que 100% dos inquiridos eram casados.

Vijayakumar *et al.* (2006) referiram que 90% dos inquiridos eram casados e apenas 10% dos inquiridos eram solteiros.

2.3.2. Estado nutricional dos inquiridos

2.3.2.1. Medidas antropométricas

A avaliação do estado nutricional da comunidade é um dos primeiros passos na formulação de qualquer estratégia de saúde pública para combater a malnutrição (Bamji *et al.* 2003).

Ramadasmurthy *et al.* (1983) revelaram que na avaliação das medidas antropométricas. A altura e o peso médios das crianças em idade pré-escolar eram mais elevados nos rapazes do que nas raparigas. As medidas corporais aumentaram gradualmente com o aumento da idade. Quando o IMC foi comparado com o dos adultos, os adultos do sexo masculino apresentaram um valor de 20,8 e as mulheres um valor médio de 22,8, indicando um estado nutricional normal para todo o grupo de adultos.

Kapil *et al.* (1998) avaliaram as medidas antropométricas (altura e peso) utilizando técnicas e equipamentos normalizados. O estado nutricional dos indivíduos foi avaliado utilizando o Índice de Massa Corporal (IMC).

Grover *et al.* (2003) estudaram a prevalência da subnutrição em 150 crianças rurais em idade pré-escolar (1-3 anos) pertencentes a diferentes regiões agro-climáticas do Punjab. Os resultados do estudo revelaram uma não prevalência absoluta de subnutrição grave (60% do peso para a idade) e uma prevalência global de subnutrição ligeira (45%), que foi superior à subnutrição moderada (21%).

Prabhakaran (2003) recolheu dados sobre as medidas antropométricas, nomeadamente a altura e o peso, os resultados clínicos, os conhecimentos sobre nutrição e promoção da saúde, as preferências alimentares e o consumo. A International Obesity Task Force (IOTF) definiu o IMC > 18,5 como normal e o IMC > 25 como obesidade.

Rajkumar e Kample (2003) afirmaram que o estado nutricional dos adolescentes foi avaliado através de medidas antropométricas como o peso, a altura, a circunferência do braço, a circunferência do pulso e a espessura da prega cutânea tricipital, que podiam ser medidas utilizando uma balança, uma fita métrica de aço não extensível e um calibrador de pregas cutâneas, respetivamente, e concluíram que mais de cinquenta por cento das adolescentes apresentavam valores abaixo do normal em todos os índices de antropometria.

Shekhar (2005) verificou que a altura média das raparigas era de 156,6 cm e o peso médio era de 51,5 kg e o IMC médio dos indivíduos variava entre 16,8 e 20,8.

2.3.2.2. Situação clínica

Chandrasekhar e George (1990) avaliaram os sinais clínicos da DAV em 426 crianças de bairros de lata urbanos. Observou-se xerox conjuctival em 55,2% das crianças, mancha de Bitot com xerox conjuctival em 7,7% e lesões da córnea em 0,2% das crianças.

Leela e Priya (2002) referiram que, das 120 crianças seleccionadas para o estudo, apenas 20% eram não anémicas, enquanto as restantes 8% eram anémicas. Entre elas, 46,67% tinham uma anemia ligeira e 33,33% tinham uma anemia moderada, não havendo ninguém no grupo de estudo com uma anemia grave e foram observados sintomas como pele seca e áspera, olhos pálidos, estomatite angular, sangramento das gengivas, dentes descoloridos e cáries dentárias.

Vijayalakshmi e Priya (2003) verificaram que 47,8% do grupo experimental e 42,1% do grupo de controlo sofriam de cáries dentárias. A palidez ocular foi observada em 15,4 por cento e 31 por cento, respetivamente, nos grupos experimental e de controlo. A coiloníquia foi registada em 12,2 por cento do grupo experimental. A frinodermia estava presente em 18,7 por cento do grupo experimental e em 1,08 por cento do grupo de controlo.

Chandra *et al.* (2004) examinaram que as principais consequências da carência de iodo são o bócio (aumento da glândula tiroide para além do normal), os partos mortos e os abortos espontâneos, os defeitos mentais, o mutismo surdo, a fraqueza e a paralisia dos músculos, bem como um menor grau de funcionamento físico e mental.

Ansari *et al.* (2005) estudaram o perfil bioquímico de pacientes que sofrem de distúrbios por deficiência de iodo e o número total de inquiridos com características clínicas de DDI foi de 103. O número máximo de pacientes tinha bócio (63,11%) e concluíram que a campanha de sensibilização para a saúde relativamente à importância do iodo na alimentação deve ser levada a cabo com mais vigor através de actividades de informação, educação e comunicação (IEC).

Sachithananthan e Chandrasekar (2005) estudaram o estado nutricional e a prevalência da deficiência de vitamina A entre crianças em idade pré-escolar nos bairros de lata urbanos da cidade de Chennai e 11.157 crianças em idade pré-escolar foram submetidas a uma avaliação nutricional da altura, peso e sinais clínicos de deficiência nutricional. O investigador teve o cuidado de observar e registar os sinais clínicos de deficiência de vitamina A, de acordo com a classificação da Organização Mundial de Saúde (OMS), como se segue: cegueira nocturna, xerose conjuntival, manchas de betume, xerose da córnea, ulceração da córnea/queratomalácia, < 1/3 da superfície da córnea, 1/3 da superfície da córnea, cicatriz da córnea e fundo de olho xeroptálmico, e afirmou que a população necessita de atenção do ponto de vista nutricional.

Subapriya e Chandrasekar (2005) realizaram um estudo sobre a deficiência materna de vitamina A em áreas seleccionadas de Tamilnadu e avaliaram os sintomas clínicos, tais como cegueira nocturna, xerose conjuctival, manchas de betume, lesões da córnea, hiperqueratose folicular e frinodermia, identificados com a ajuda de médicos e pessoal especialmente formado dos centros de saúde, e afirmaram que a prevalência se situava na ordem dos 3.

2.4. EDUCAÇÃO NUTRICIONAL ATRAVÉS DE MULTIMÉDIA DISCO COMPACTO

Emery *et al.* (1965) afirmaram que a televisão, enquanto meio de comunicação de massas, pode desempenhar um papel significativo na transferência de tecnologia.

A educação nutricional tem um papel vital na formação sobre o estado nutricional ótimo em qualquer comunidade. Antes de conceber um programa de educação nutricional, os dados de base devem incluir uma avaliação das razões da subnutrição e da malnutrição na comunidade, as atitudes e as crenças da população em relação aos alimentos disponíveis e aos alimentos necessários para melhorar as dietas deficientes. Para qualquer abordagem educativa, é imperativo que haja mudanças nas escolhas alimentares e o envolvimento pessoal do indivíduo na melhoria da sua vida e da vida da sua família (Sharma, 1986).

Behara (1992) afirmou que a televisão é um dispositivo audiovisual versátil e dinâmico que alarga periodicamente o horizonte intelectual tanto dos professores como dos alunos.

Ravichandran (1992) referiu que se registou um aumento do nível de conhecimentos na fase de pós-exposição em comparação com a fase de pré-exposição dos participantes em programas educativos em vídeo sobre o cultivo de cogumelos e empresas apícolas.

Yegammai e Gandhimathy (1993) investigaram o impacto da suplementação com sal fortificado com ferro e da nutrição em raparigas adolescentes anémicas seleccionadas e concluíram que a suplementação e a educação nutricional resultaram definitivamente num melhor quadro sanguíneo do que a mera suplementação e a mera educação nutricional.

Pushpa e Sheela (1997) realizaram um estudo sobre o impacto da informação sobre nutrição e saúde através dos meios de comunicação social e os resultados do estudo revelaram que os meios de comunicação social acessíveis às zonas rurais, apenas 59% dos inquiridos das zonas rurais foram contactados pela televisão, enquanto nas zonas urbanas essa percentagem foi de 81%. A rádio e o contacto com os extensionistas eram mais populares nas zonas rurais (53 e 49%) do que nas zonas urbanas (43 e 28%), respetivamente. Os meios de comunicação impressos eram acessíveis ao grupo urbano, o que pode dever-se ao seu nível de educação mais elevado.

Boora *et al.* (1998) afirmaram que os hospitais/clínicas de saúde, a televisão e a rádio eram as principais fontes de informação sobre a importância do sal iodado para o bócio e também através de palestras, demonstrações e folhetos. A educação nutricional tem de ser transmitida aos indivíduos relativamente às causas, sintomas e medidas preventivas do bócio e à importância do sal iodado. Os resultados mostraram um ganho significativo no conhecimento através da educação nutricional.

Um estudo realizado pela IBM Corporation sobre a avaliação da eficácia de vários métodos de ensino mostrou que os estudantes obtiveram 50% de aprendizagem mais elevada com o vídeo interativo do que com os métodos tradicionais. Os estudantes afirmaram que preferiam o vídeo interativo porque era agradável, fácil de utilizar e útil na aprendizagem de competências (Sethuraman, 1998).

Devraj *et al.* (2001) referiram que a utilização de multimédia como instrumentos de formação é vantajosa para transformar a criação de animais e a agricultura em indústria e aumentar o volume de negócios, reduzindo os custos de formação, melhorando a moral do trabalhador e aumentando a eficiência e a eficácia dos programas de formação e reduzindo o custo da prestação. A recuperação de informação/extensão agrícola pode ser utilizada como principal meio de transmissão de informação.

Hemalatha e Prakash (2002) estudaram o programa de sensibilização das mulheres para a nutrição através de legumes de folha verde e o desenvolvimento de um módulo educativo utilizando técnicas de demonstração e de palestra para grupos seleccionados de mulheres urbanas e rurais. O estudo foi planeado em três fases, nomeadamente a formulação, a implementação e a avaliação de um programa educativo para as mulheres, pelo que se pode concluir que o programa de educação nutricional pode ser utilizado como um dos instrumentos eficazes para resolver as questões relacionadas com as mudanças alimentares e, assim, melhorar o estado nutricional da sociedade.

Joshi e Singh (2002) realizaram um estudo sobre o desenvolvimento e a avaliação de material didático para a educação nutricional e concluíram que a divulgação estruturada de conhecimentos sob a forma de brochura educativa teve um impacto positivo no aumento dos níveis de conhecimento na área da saúde e da educação.

George *et al.* (2003) referiram o nível de consciencialização nutricional relativamente às fontes de iodo entre a população, entrevistando 2500 adultos (ambos os sexos), 2758 adolescentes (ambos os sexos) e 3400 crianças. Como parte da implementação do programa de iodização universal do sal, foram fornecidos kits de teste de iodo a todos os 14 distritos do estado para serem transferidos para os profissionais de saúde treinados para testar os sais.

Kumar *et al.* (2003) efectuaram um estudo sobre a produção e o estudo do impacto de um filme vídeo sobre a vitamina A destinado às crianças em idade escolar e concluíram que o filme vídeo intitulado "Drishti" é um material eficaz para transmitir educação nutricional às crianças em idade escolar e que o filme vídeo transmitiu uma educação nutricional que aumentou consideravelmente os conhecimentos das crianças em idade escolar.

Biswas *et al.* (2004) relataram que o programa de informação, educação e comunicação (IEC) sobre DDI foi organizado em todo o distrito de North 24 Parganas em Bengala Ocidental, com especial ênfase nas áreas de alto risco de DDI. Foi dado sal iodado às pessoas dos distritos seleccionados e a alteração na excreção urinária de iodo foi estimada para conhecer o impacto do sal iodado nas DDI.

2.4.1. Eficácia em termos de aquisição de conhecimentos

Rathakrishnan (1988) observou que a maioria dos telespectadores (92%) adquiriu conhecimentos a um nível médio a elevado.

Ravichandran (1992) afirmou que os participantes em empresas de cultivo de cogumelos e de apicultura adquiriram conhecimentos substanciais através do vídeo.

Swarnalatha (1992) revelou que houve um aumento significativo no conhecimento das mães sobre os métodos de ensino. Os resultados indicaram, no entanto, que o processo de aprendizagem e a exposição a comportamentos positivos foram significativos.

Puspha e Sheela (1997) revelaram que, de entre os meios de comunicação social acessíveis às zonas rurais, apenas 59% dos inquiridos das zonas rurais tinham acesso à televisão, ao passo que nas zonas urbanas essa percentagem era de 81%. A rádio e o contacto com os extensionistas eram mais populares nas zonas rurais (53% e 49%) do que nas zonas urbanas (43% e 28%), respetivamente. Os meios de comunicação impressos eram acessíveis ao grupo urbano, o que pode dever-se ao seu nível de educação mais elevado.

Banumathi e Banumathi (2001) verificaram que os conhecimentos adquiridos eram mais importantes no domínio da higiene e do saneamento, seguidos do estado de saúde e da alimentação equilibrada.

Parvathi *et al.* (2002) descobriram que a utilização de cartões de memória flash transmitiria mais conhecimentos sobre tecnologia pós-colheita.

Kumar *et al.* (2003) verificaram que o ganho de conhecimentos do grupo experimental foi de 45,37% contra 0,37% do grupo de controlo.

Srijaya e Rani (2003) afirmam que as raparigas adolescentes devem ser encorajadas a consumir mais alimentos ricos em ferro e que a educação e os cuidados nutricionais devem ser defendidos, porque elas são as futuras mães. O fornecimento de comprimidos de ferro a todas as adolescentes deve ser efectuado nas faculdades como parte do programa nacional de profilaxia da anemia nutricional.

2.4.2. Eficácia em termos de retenção de conhecimentos

Rathakrishnan (1988) observou que mais de 80% dos inquiridos eram capazes de reter os conhecimentos adquiridos após 10 dias de exposição.

Selvaraj (1990), no seu estudo sobre o ensino por vídeo, concluiu que mais de metade da informação era retida até 15 dias.

Ravichandran (1992) verificou que as jovens agricultoras rurais eram facilmente motivadas para aprender novas competências através de programas de educação por vídeo, em comparação com outros grupos etários.

Banumathi e Banumathi (2001) afirmaram que a retenção de conhecimentos era maior em relação ao estado de saúde, seguido da higiene e saneamento e de uma dieta equilibrada.

CAPÍTULO 3

MATERIAIS E MÉTODOS

Neste capítulo, os materiais e métodos adoptados para a investigação são discutidos em pormenor. A investigação foi efectuada no departamento de Ciência Alimentar e Nutrição, Faculdade de Ciências Domésticas e Instituto de Investigação, Madurai, Índia, durante o período de 2005 a 2007.

3.1. MATERIAIS

3.1.1. Televisão

A televisão a cores foi utilizada para exibir o disco compacto de vídeo baseado em multimédia.

3.1.2. Leitor de disco compacto de vídeo (VCD)

Foi utilizado um leitor de discos compactos de vídeo para reproduzir os discos compactos de vídeo multimédia.

3.1.3. Projetor de disco compacto a laser (LCD)

Foi utilizado um projetor LCD para apresentar o programa multimédia baseado em Power Point.

3.1.4. Componentes multimédia

Multimédia é uma mistura de suportes ou dados que inclui texto, gráficos, animação, fotografias de qualidade fotográfica e som. O disco compacto multimédia foi preparado e convertido em Digital Video Disc (DVD) utilizando um software de conversão.

3.1.4.1. Adicionar som de fundo / voz de diapositivo

A informação sobre a importância dos micronutrientes e as suas deficiências foi registada sob a forma de texto e foram acrescentados sons de fundo, tendo sido preparado o programa multimédia.

3.1.4.2. Inserção de imagens e fotografias

As imagens e fotografias adequadas para este estudo foram seleccionadas e inseridas num disco compacto multimédia utilizando o PowerPoint.

3.1.5. Medidas antropométricas

3.1.5.1. Fita flexível

Foi utilizada uma fita flexível com uma precisão de 0,1 cm para medir os índices antropométricos.

3.1.5.2. Balança de pesagem

Para o estudo, foi utilizada uma balança com uma precisão de 0,1 kg para registar o peso dos indivíduos seleccionados.

3.1.5.3. Calibre de pregas cutâneas

O calibrador de dobras cutâneas foi utilizado para determinar as medidas das dobras cutâneas.

3.2. MÉTODOS

3.2.1. Formulação do programa de entrevistas

Os inquiridos responderam a um questionário que incluía informações sobre a idade, a religião, a casta, a natureza da família, o tipo de casa, o rendimento mensal, o nível de escolaridade, o estado nutricional, os conhecimentos sobre micronutrientes e doenças carenciais e os conhecimentos sobre métodos de educação nutricional.

O programa da entrevista foi concebido em quatro partes, como indicado a seguir

Parte - I Informações gerais

Parte - II Padrão de consumo alimentar

Parte - III Conhecimentos sobre a importância dos micronutrientes e as suas carências

Parte - IV Medidas antropométricas e exame clínico

3.2.2. Seleção da zona de estudo

A seleção da área de estudo e o número de sujeitos, os dados sobre a natureza, os antecedentes do local e os sujeitos são factores importantes para a realização do estudo. O distrito de Madurai foi selecionado para a realização do inquérito. O distrito de Madurai é composto por sete taluks, nomeadamente Madurai North, Thirumangalam, Vadipatti, Usilampatti, Madurai South,

Melur e Peraiyur.

A área de estudo foi selecionada de acordo com os seguintes critérios

A área de estudo deve, de preferência, pertencer à zona mais atrasada do distrito e foram seleccionadas sobretudo pessoas analfabetas e com baixos rendimentos.

Uma vez que as mulheres são o grupo mais vulnerável a muitas deficiências de micronutrientes, foram consideradas como o grupo-alvo da educação nutricional.

Com base nos critérios acima referidos, os sujeitos foram seleccionados em Madurai South, Vadipatti e Melur, respetivamente.

3.2.3. Seleção da aldeia

Existem cerca de 80 aldeias em Madurai South taluk, 77 aldeias em Vadipatti taluk e 84 aldeias em Melur taluk. Foram seleccionadas duas aldeias de cada taluk, nomeadamente Villacheri e Kelakuyilkudi no taluk de Madurai South, Jeminipatti e Kulasekarankottai no taluk de Vadipatti e K. Thamaraipatti e Thumbaipatti no taluk de Melur. As aldeias seleccionadas são apresentadas no quadro 1.

Quadro 1. Pormenores da distribuição dos inquiridos de Madurai South, Vadipatti e Melur taluk

S.No	Taluks	Village	Number of respondents
1	Madurai South	Villacheri	15
		Kelakuyilkudi	15
2	Vadipatti	Jeminipatti	15
		Kulasekarankottai	15
3	Melur	K.Thamaraipatti	15
		Thumbaipatti	15

3.2.4. Seleção dos inquiridos (Quadro 1)

As mulheres rurais com idades compreendidas entre os 20 e os 40 anos foram consideradas como objeto do estudo. Assim, foram seleccionadas aleatoriamente 15 mulheres rurais de cada uma das seis aldeias seleccionadas e o número total de inquiridas foi fixado em noventa.

3.2.5. Seleção das características socioeconómicas

3.2.5.1. Idade

As mulheres rurais entre os 20 e os 40 anos foram as inquiridas do estudo.

3.2.5.2. Estatuto académico

Com base nas habilitações literárias, os inquiridos foram agrupados da seguinte forma: analfabetos, com o nível de ensino primário, com o nível de ensino médio, com o nível de ensino secundário e com estudos superiores.

3.2.5.3. Estatuto da comunidade

De acordo com a classificação do governo, as castas prevalecentes na área de estudo foram agrupadas nas 5 categorias seguintes: classe avançada, classe atrasada, classe mais atrasada, casta registada e tribos registadas.

3.2.5.4. Natureza da família

Foi estudada a natureza da família, se nuclear ou conjunta, e a dimensão da família foi referida como o número de adultos (homens e mulheres) e o número de crianças (homens e mulheres) numa família.

Size of the family	Categories
1 to 3	Small family
4 to 6	Medium family
> 6	Large family

3.2.5.5. Tipos de casas

Os tipos de casa das mulheres rurais foram classificados como de colmo, de betão e de telha.

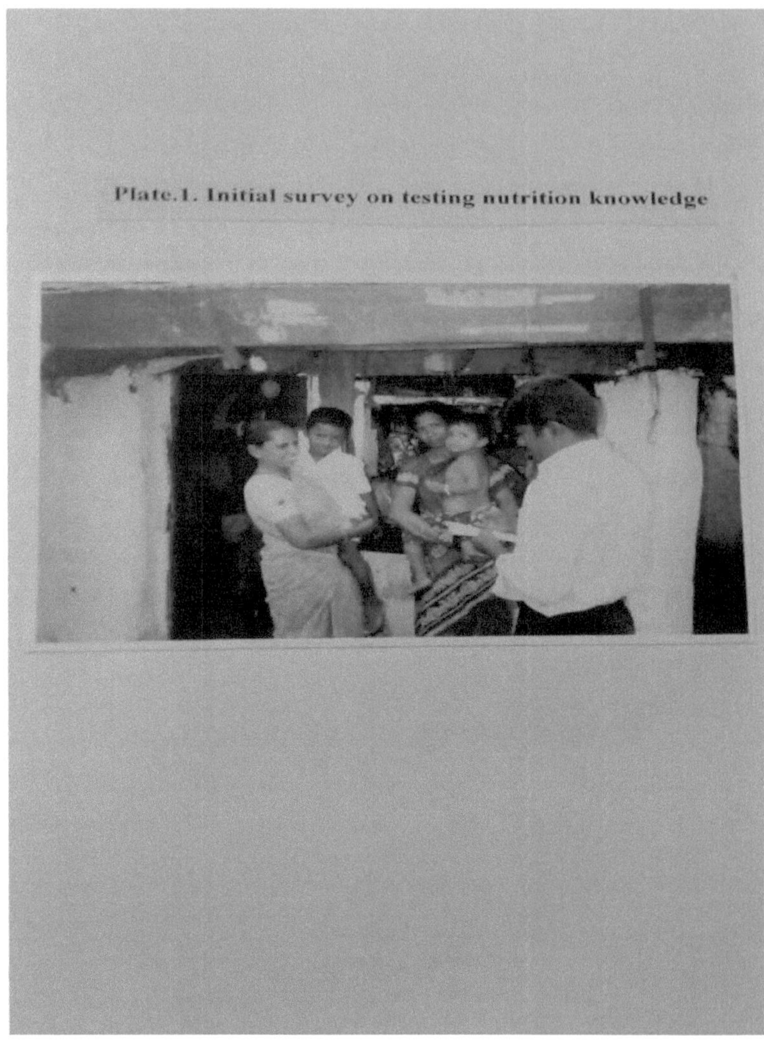

3.2.5.6. Rendimento mensal

O rendimento mensal das mulheres rurais inquiridas é calculado utilizando estas fórmulas.

$$A = \dfrac{\text{Maximum income among the respondents} \;-\; \text{Minimum income among the respondents}}{3}$$

Minimum income of the respondents + A = Low income group (LIG)
Low income group + A   = Middle income group (MIG)
Middle income group + A   = High income group (HIG)

Categories	Monthly income (Rs.)
Low income group	(< Rs. 6,000)
Middle income group	(Rs. 6,001 to 10,000)
High income group	(> Rs.10,001 to Rs. 14,000)

(Rangaswamy, 1995)

3.3. PADRÃO DE CONSUMO ALIMENTAR

3.3.1. Frequência do padrão de consumo alimentar

Foram recolhidos dados sobre a frequência do consumo de alimentos: diariamente, semanalmente, uma vez por semana, uma vez por quinzena, ocasionalmente e nunca, e sobre o consumo de produtos alimentares: cereais e painço, leguminosas, legumes, frutas, raízes e tubérculos, vegetais de folha verde, leite e produtos lácteos, alimentos carnudos, gorduras, especiarias e condimentos, alimentos prontos a consumir, bebidas e snacks. Estas informações foram recolhidas por contacto pessoal com os inquiridos e registadas. O tipo de alimentos e a frequência de utilização tiveram uma influência direta na quantidade de nutrientes ingeridos pelos inquiridos.

3.3.2. Avaliação nutricional

A avaliação nutricional inclui medições antropométricas e clínicas.

3.3.2.1. Medidas antropométricas

A dieta e a nutrição, determinadas geneticamente, influenciam profundamente o padrão de crescimento e o estado físico do corpo. Por isso, as medidas antropométricas são critérios úteis para avaliar o estado nutricional (Swaminathan, 1969). A antropometria nutricional é a medição do corpo humano em várias idades e níveis de estado nutricional. Os índices antropométricos utilizados neste estudo foram a altura, o peso, o índice de massa corporal e a espessura das dobras cutâneas.

3.3.2.1.1. Altura (placa 2)

As mulheres eram obrigadas a manter-se erectas, sem calçado, em terreno plano, com os calcanhares a tocar na parede. A leitura foi efectuada mantendo um capacete de madeira na cabeça. A linha que coincide com a peça de madeira foi anotada e a leitura foi registada com uma precisão de 0,1 centímetro (cm) (Jelliffe, 1966).

3.3.2.1.2. Peso (placa 3)

Foi utilizada uma balança calibrada em quilogramas (kg) para pesar um indivíduo. Pediu-se às mulheres que retirassem o calçado dos pés e se colocassem de pé sobre a balança, registando-se o peso (Jelliffe, 1966).

3.3.2.1.3. Índice de massa corporal

O índice de massa corporal é o critério mais comummente utilizado para diagnosticar a obesidade. É utilizado como uma ferramenta para determinar se um indivíduo tem excesso de peso ou é obeso (Allen *et al.*, 2003). É calculado através da fórmula

$$\text{BMI (Body Mass Index)} = \frac{\text{Weight (kg)}}{\text{Height (m}^2)}$$

Normas de IMC (OMS, 2000)

Category	Kg/m^2
Under weight	< 18.5
Normal range	18.5 – 22. 9
Over weight	23.0 – 24.9
Obese I	25.0 – 29.9
Obese II	≥ 30

Plate.2. Height of the respondents

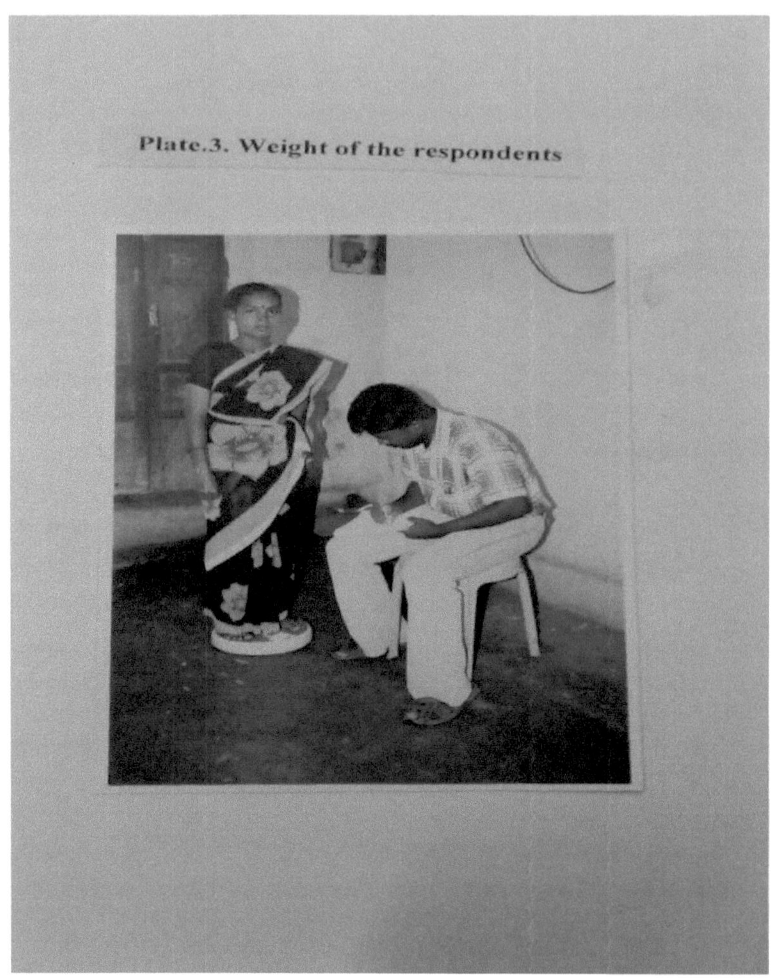

3.2.5.5.1. Dobra cutânea (placa 4)

A espessura das pregas cutâneas é uma medida útil para ajudar a estimar o grau de gordura corporal. É uma técnica amplamente utilizada para medir a gordura corporal em estudos epidemiológicos (Vasudev *et al.*, 2004).

A espessura da prega cutânea foi medida na mão esquerda do braço. O ponto médio entre a ponta do acrómio da omoplata e a ponta do olécrano do cúbito do antebraço foi localizado com o braço fletido no cotovelo e a medição foi efectuada. A medida é recolhida entre o polegar e o indicador. A ponta do calibrador de pregas cutâneas Harpendar foi aplicada no ponto médio a uma profundidade igual à da prega cutânea. Durante a medição da prega cutânea, deixa-se o braço pender livremente e a crista da prega cutânea é mantida paralela ao eixo longo do braço, sendo a medida da prega cutânea registada com uma aproximação de 0,5 milímetros (mm) (Vijayalakshmi e Anitha, 2003).

As medidas padrão da prega cutânea tricipital foram de 12,5 mm nos homens e 16,5 mm nas mulheres (Joshi, 2006).

3.3.3. Exame clínico

Este é um dos métodos mais práticos e importantes utilizados para avaliar o estado nutricional de uma comunidade.

O estado de saúde das mulheres rurais inquiridas foi estudado através da recolha de informações sobre os seus problemas fisiológicos e de saúde e também sobre outras doenças. Estas informações foram recolhidas por contacto pessoal e discussão. Foram observadas informações sobre o número de sinais físicos (alguns específicos e outros não específicos) conhecidos por estarem associados ao estado de malnutrição nas mulheres rurais inquiridas seleccionadas.

Exame externo do corpo para detetar as alterações nos tecidos epiteliais superficiais, especialmente na pele, nos olhos e no cabelo; do mesmo modo, foram examinados os órgãos próximos da superfície do corpo, por exemplo, as glândulas parótida e tiroide (Joshi, 2006).

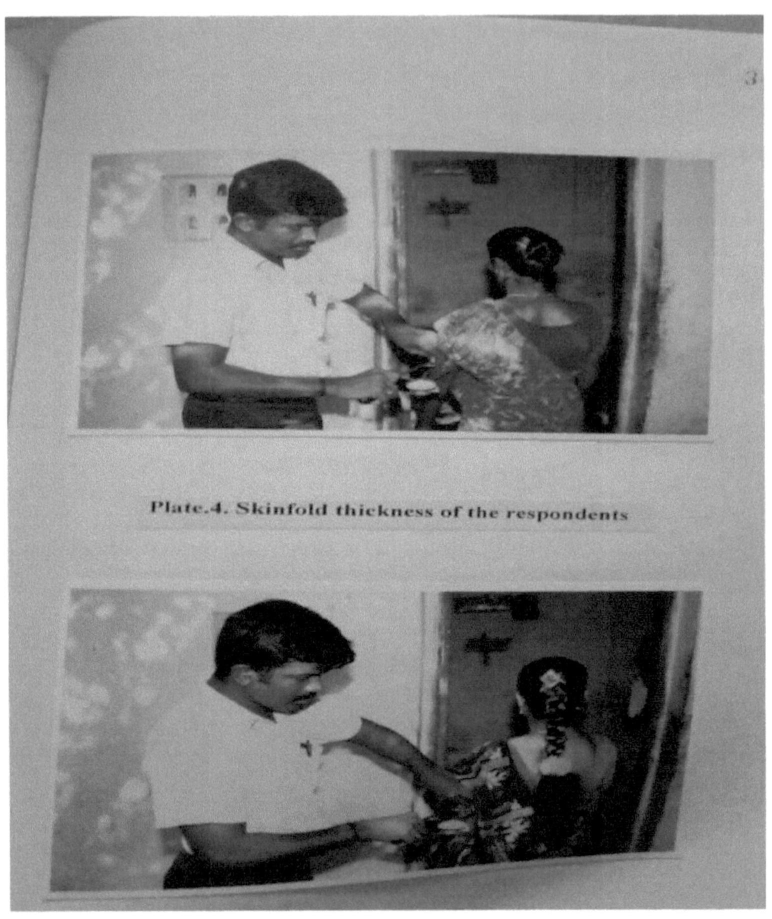

Plate.4. Skinfold thickness of the respondents

3.4. Desenvolvimento de um disco compacto multimédia (MCD) para a educação nutricional (placas 5 e 6)

3.4.1. Preparação do disco compacto multimédia (MCD)

Após a preparação do disco compacto multimédia, e depois de avaliar o momento conveniente para as mulheres, foi-lhes pedido que se reunissem num local comum e expusessem o disco compacto multimédia.

Os componentes multimédia, tais como gráficos, animação e som, melhoram o processo de extensão através da visualização. A palavra multimédia refere-se a um computador no qual podemos inserir e extrair imagens fixas e em movimento.

3.4.2. Educação nutricional através do disco compacto multimédia (MCD)

A educação nutricional foi conduzida através da utilização de um disco compacto de vídeo multimédia (VCD). O CD multimédia foi apresentado aos inquiridos através da televisão e do leitor de VCD. Este tipo de tecnologia ajuda os extensionistas e os cientistas a integrar a modelação, a visualização e o processo de tomada de decisões na educação nutricional

A educação nutricional é uma parte integrante de todos os programas de intervenção nutricional. Para que a educação nutricional seja bem sucedida, é necessário torná-la pragmática, estudando os hábitos alimentares e modificando-os de acordo com a disponibilidade local de produtos alimentares e o padrão alimentar (Deshpande *et al.*, 2003).

Um disco compacto multimédia através da educação nutricional é o melhor método de educação para as mulheres rurais, porque a maioria delas é analfabeta e tem alguns conhecimentos básicos sobre nutrição. Assim, as mulheres viram o multimédia de forma interessante para esclarecerem as suas dúvidas e ficarem com mais ideias sobre a importância e as deficiências dos micronutrientes.

3.4.2.1. Aquisição e retenção de conhecimentos

Os conhecimentos são os factos e experiências conhecidos por uma pessoa. Neste estudo, o conhecimento foi operacionalizado como a quantidade de informação científica que as mulheres rurais inquiridas conhecem sobre a importância dos micronutrientes, funções, fontes e distúrbios de deficiência.

Plate.5. Conducting nutrition education through multimedia compact disc

Plate.6. Respondents of the nutrition education

3.4.2.2. Aquisição de conhecimentos

O ganho de conhecimentos foi operacionalizado como a quantidade de informação ou mensagem recentemente aprendida pelas mulheres rurais inquiridas através de um disco compacto multimédia durante o programa de educação nutricional.

3.4.2.3. Retenção de conhecimentos

A retenção de conhecimentos foi operacionalizada como a parte do quantum de informação ou mensagem retida/lembrada pelas mulheres rurais inquiridas através da educação nutricional após um período de 15 dias.

3.4.2.4. Medir a aquisição de conhecimentos

O nível de conhecimentos dos inquiridos sobre a mensagem educativa foi medido em três fases, nomeadamente, antes da exposição, imediatamente após a exposição e quinze dias após a exposição. A diferença entre a pré-exposição e a exposição imediata foi considerada como um ganho de conhecimentos.

3.4.2.5. Medir a retenção de conhecimentos

A diferença no nível de conhecimento percentual dos inquiridos foi calculada a partir do conhecimento retido imediatamente após a fase de exposição e 15 dias após a exposição da educação nutricional. A diferença entre estes dois valores dá o valor da retenção de conhecimentos.

3.4.3. Primeira fase da recolha de dados

Os inquiridos foram contactados pessoalmente e o calendário foi administrado antes da exposição ao programa. Foram avaliados o estatuto socioeconómico, a informação geral, os conhecimentos sobre a importância dos micronutrientes e as suas deficiências e o nível inicial de conhecimentos das mulheres rurais.

3.4.4. Planeamento e execução da educação nutricional

No programa de educação nutricional, os inquiridos foram informados sobre as lacunas identificadas no conhecimento nutricional sobre a importância dos micronutrientes, os distúrbios de deficiência, as fontes e a prevenção das deficiências através de um disco compacto multimédia (MCD) num leitor de VCD.

3.4.5. Segunda fase da recolha de dados imediatamente após a formação das mulheres rurais (Prato 7)

Durante a segunda fase da recolha de dados, o mesmo conjunto de itens foi administrado para avaliar o ganho de conhecimentos logo após a conclusão da formação. Assim, o ganho de conhecimentos foi avaliado.

3.4.6. Terceira fase da recolha de dados após a educação das mulheres rurais (intervalo de quinze dias) (Prato 8)

Após 15 dias, foi administrado o mesmo conjunto de itens para determinar a retenção de conhecimentos. Assim, foi avaliado o impacto da educação nutricional em termos de aquisição e retenção de conhecimentos.

3.5.   Instrumentos estatísticos utilizados

Os dados recolhidos foram objeto de análise, tal como descrito por Rangaswamy (1995).

1. Média e desvio padrão

2. Análise percentual

3. Frequência acumulada

O estudo foi efectuado e os dados foram processados e sujeitos a análise estatística. Os resultados da investigação são apresentados nos capítulos.

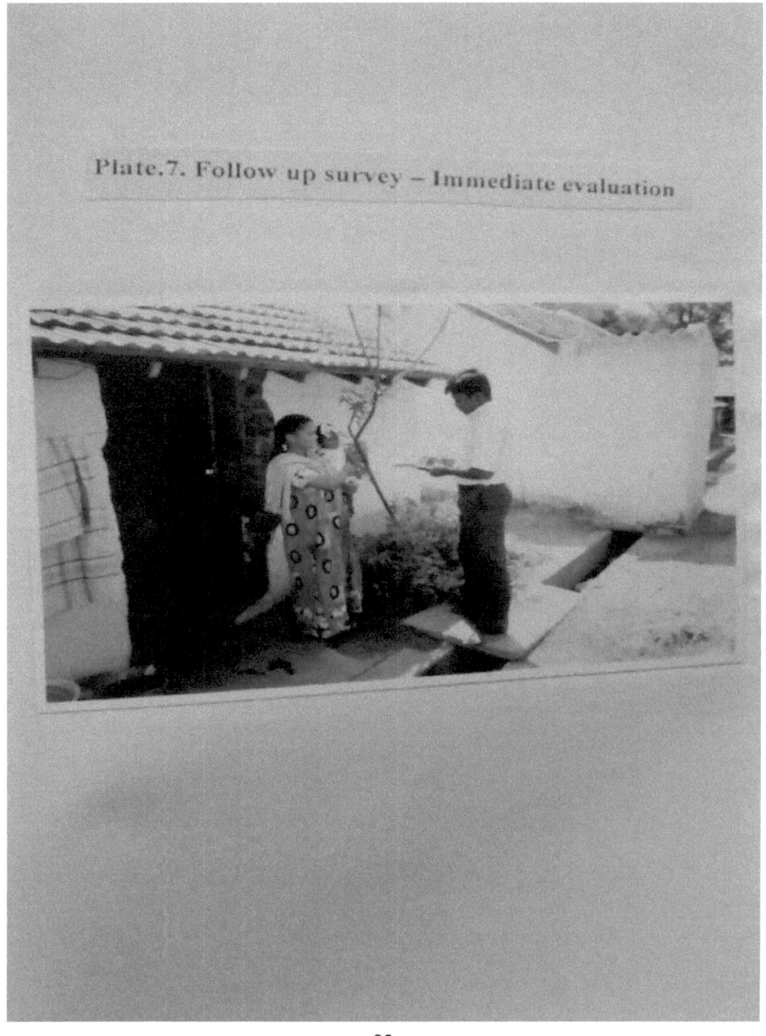

Plate.8. Follow up survey – Final evaluation

CAPÍTULO 4

RESULTADOS E DISCUSSÃO

Este capítulo centra-se nos resultados com uma discussão relevante sobre a "Prevalência de deficiências de micronutrientes (mulheres dos 20 aos 40 anos) e desenvolvimento de um disco compacto multimédia para educação nutricional". Os resultados são apresentados nos seguintes subtítulos

4.1   Características socioeconómicas

4.2   Frequência do padrão de consumo alimentar

4.3   Estado nutricional das mulheres rurais inquiridas

4.4   Desenvolvimento de um disco compacto multimédia para educação nutricional e estudo do
seu impacto.

4.1. CARACTERÍSTICAS SOCIOECONÓMICAS

4.1.1. Nível de instrução das mulheres rurais

O nível de instrução das mulheres rurais inquiridas foi recolhido e representado no Quadro 2 e na Fig.1.

Tabela 2. Distribuição dos inquiridos de acordo com o seu nível de escolaridade (n = 90)

Educational status	No. of persons	Per cent
Illiterate	29	32
Primary school level	18	20
Middle school level	25	28
Secondary school level	12	13
Collegiate level	6	7

Pode concluir-se que 32% dos inquiridos eram analfabetos; 20% tinham concluído o ensino primário; 28% tinham concluído o ensino secundário; 13% tinham concluído o ensino secundário e

7% tinham o ensino superior. Os resultados permitiram concluir que a maioria dos inquiridos era analfabeta.

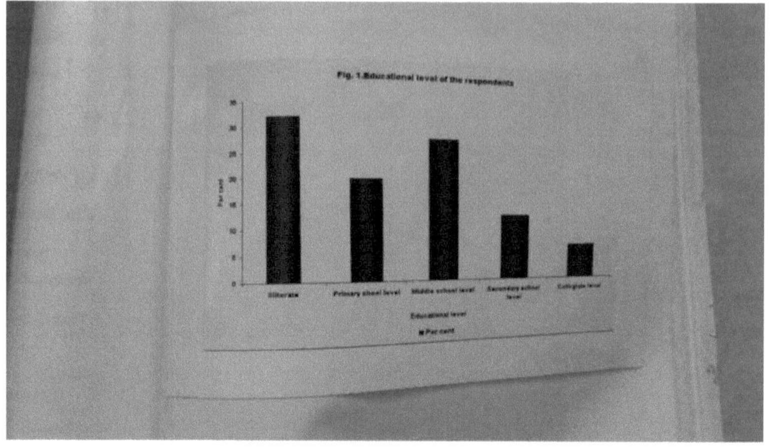

Sendo mulheres, as más condições económicas rurais e o menor número de instituições de ensino a uma distância acessível podem ser as razões para o baixo nível de escolaridade dos inquiridos. Além disso, as mulheres dão pouca importância à educação. Os resultados estão de acordo com Meenakshi (1994), que revelou no seu estudo que mais de metade (55,00%) das mulheres rurais eram analfabetas e 45% delas tinham apenas o ensino primário.

4.1.2. Comunidade

A distribuição dos inquiridos de acordo com a sua comunidade é apresentada no Quadro 3.

Tabela 3. Distribuição dos inquiridos de acordo com a sua comunidade

(n = 90)

Community	No. of persons	Per cent
Backward caste	30	33
Most backward caste	15	17
Scheduled caste	45	50

O Quadro 3 revela que 33% das mulheres rurais inquiridas pertenciam a uma casta atrasada, 17% das inquiridas pertenciam à casta mais atrasada e 50% das inquiridas pertenciam a uma casta catalogada. Os resultados permitem concluir que a maioria das inquiridas pertencia a uma casta catalogada.

Mathuravalli (1993) e Banumathi e Manimegalai (1998) referiram no seu estudo que a maioria dos inquiridos pertencia à categoria das castas atrasadas.

4.1.3. Religião

A distribuição dos inquiridos de acordo com a sua religião é apresentada no Quadro 4.

Tabela 4. Distribuição dos inquiridos de acordo com a sua religião

(n = 90)

Religion	No. of persons	Per cent
Hinduism	72	80
Muslim	14	16
Christianity	4	4

O quadro 4 revela que 80% das mulheres rurais inquiridas eram de religião hindu, seguidas de 16% de muçulmanas e 4% de cristãs. A maioria das inquiridas era de religião hindu.

Os resultados estão de acordo com Shanmugapriya e Amutha (2006), que referiram no seu estudo que a maioria dos inquiridos pertencia à religião hindu (94%).

4.1.4. Estado civil

A distribuição dos inquiridos de acordo com o seu estado civil é apresentada no Quadro 5.

Tabela 5. Distribuição dos inquiridos de acordo com o seu estado civil

(n = 90)

Marital status	No. of persons	Per cent
Married	77	86
Unmarried	13	14

O Quadro 5 revela que 86% das mulheres rurais inquiridas eram casadas e 14% eram solteiras. Os resultados permitiram concluir que a maioria das inquiridas era casada.

Vijayakumar *et al.* (2006) referiram que 90% dos inquiridos eram casados e apenas 10% dos inquiridos eram solteiros.

4.1.5. Tipo de família

Os dados foram recolhidos junto das mulheres rurais inquiridas relativamente ao seu tipo de família e os dados recolhidos são apresentados no Quadro 6.

Tabela 6. Distribuição dos inquiridos de acordo com o seu tipo de família

(n = 90)

Type of family	No. of persons	Per cent
Nuclear	73	81
Joint	17	19

O Quadro 6 revelou que 81% dos inquiridos pertenciam a uma família nuclear e 19% pertenciam a uma família conjunta. Os resultados indicam que a maioria dos inquiridos pertencia a uma família de tipo nuclear.

4.1.6. Dimensão da família

Os dados recolhidos junto das mulheres rurais inquiridas relativamente à dimensão da sua família são apresentados no Quadro 7.

Tabela 7. Distribuição dos inquiridos de acordo com a dimensão da família

(n = 90)

Size of the family	No. of persons	Per cent
Small (1-3)	23	25
Medium (4-6)	62	69
Large (>6)	5	6

A tabela mostra que 25% dos inquiridos tinham menos de quatro membros, 69% das famílias eram compostas por seis membros e apenas 6% tinham mais de seis membros. Os resultados indicam que a maioria dos inquiridos tem uma família de tamanho médio (4-6), 69%.

Mathuravalli (1993) referiu que 86, 10 e 14 por cento pertenciam a famílias pequenas, médias e grandes no distrito de Madurai. O sistema de família pequena é o mais comum, o que também é indicado nos resultados do presente estudo.

O estudo realizado por Grover *et al.* (2003) revelou que 5,5%, 41,4% e 53,1% das famílias eram pequenas (até 3 membros), médias (4-6 membros) e grandes (mais de 6 membros), respetivamente, no distrito de Ludhiana, no Punjab.

4.1.7. Nível de rendimento das mulheres rurais inquiridas

O rendimento familiar determina o estatuto de um indivíduo nos sistemas sociais. O nível de rendimento dos inquiridos é apresentado a seguir (Quadro 8 e Fig. 2).

Tabela 8. Distribuição dos inquiridos de acordo com o seu rendimento

(n = 90)

Income / month	No. of persons	Per cent
< Rs.6,000	72	80
(Rs.6,001 to Rs.10,000)	13	14
(Rs.10,001 to Rs.14,000)	5	6

Oitenta por cento das mulheres rurais tinham um baixo nível de rendimento mensal, seguidas de 14% que tinham um nível de rendimento médio e 6% que tinham um rendimento elevado. Os resultados indicam que a maioria das inquiridas tem um baixo nível de rendimento (<6 000 rúpias) por mês.

4.1.8. Tipo de habitação

Os tipos de casas foram classificados como de colmo, de telha e de betão e indicados no Quadro 9.

Tabela 9. Distribuição dos inquiridos de acordo com o tipo de casa

(n = 90)

Types of house	No. of persons	Per cent
Tiled	57	64
Thatched	3	3
Concrete	30	33

A partir da tabela, pode observar-se que 64% das casas eram de telha, 3% de colmo e 33% de casas do tipo betão. Os resultados permitiram concluir que a maioria dos inquiridos tem casas de tijoleira.

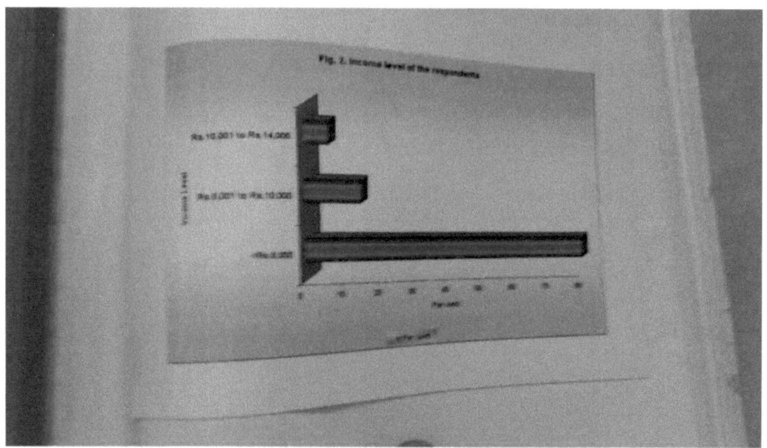

4.2. PADRÃO DE CONSUMO ALIMENTAR

4.2.1. Frequência do padrão de consumo alimentar das mulheres rurais inquiridas

O quadro 10 indica a frequência do padrão de consumo alimentar das mulheres rurais inquiridas. Foi registada a frequência dos alimentos utilizados pelos inquiridos no seu padrão alimentar: cereais, painço, legumes, leite, frutas, carne, etc., bem como o tipo de alimentos e a frequência do consumo alimentar dos inquiridos.

Tabela 10. Frequência do padrão de consumo alimentar dos inquiridos

(em percentagem)

S. No	Particulars	Daily	Alternate days	Once in a week	Once in a fortnight	Occasionally	Never
1.	Cereals	-	-	-	-	-	-
	a, rice	100	-	-	-	-	-
	b, wheat	-	22	20	50	8	-
	c, ragi	-	-	-	-	-	-
2.	Pulses	100	-	-	-	-	-
3.	Vegetables	100	-	-	-	-	-
4.	Root vegetables	-	-	90	10	-	-
5.	Green leafy vegetables	-	-	88	12	-	-
6.	Fruits	-	-	33	45	22	-
7.	Milk & milk products	100	-	-	-	-	-
8.	Fleshy foods	-	8	65	25	2	-
9.	Fat	100	-	-	-	-	-
10.	Sugar & jaggery	100	-	-	-	-	-
11.	Spices & condiments	100	-	-	-	-	-
12.	Nuts & oil seeds	-	-	70	30	-	-
13.	Eggs	-	-	60	40	-	-
14.	Fast foods	-	-	-	-	23	77

O Quadro 10 indica que o arroz foi utilizado diariamente como cereal principal por todas (100%) as mulheres rurais inquiridas diariamente. Vinte e dois, 20, 50 e 8% das mulheres rurais inquiridas consumiram trigo como um dos cereais em dias alternativos, uma vez por semana, uma vez por quinzena e ocasionalmente, respetivamente. Nenhuma delas consumiu ragi. Cem por cento das inquiridas consumiram leguminosas na sua alimentação diária.

Todos os inquiridos consomem legumes (100%) diariamente. Noventa e dez por cento dos inquiridos consumiram raízes uma vez por semana e uma vez de quinze em quinze dias. Do mesmo modo, 88 e 12% dos inquiridos consumiram legumes de folha verde uma vez por semana e uma vez de quinze em quinze dias, respetivamente. Trinta e três, 45 e 22% dos inquiridos rurais consumiram fruta uma vez por semana, uma vez de quinze em quinze dias e ocasionalmente, respetivamente. O leite e os produtos lácteos foram consumidos diariamente por 100% dos inquiridos. Nenhum deles consumiu alimentos carnudos diariamente, mas 65% dos inquiridos consumiram alimentos carnudos uma vez por semana. A gordura, as especiarias e os condimentos, bem como o açúcar e o açúcar de cana eram consumidos diariamente por 100% dos inquiridos. Setenta e 30 por cento dos inquiridos consumiram frutos secos e sementes oleaginosas uma vez por semana e uma vez por quinzena, respetivamente. Sessenta e quarenta por cento dos inquiridos consumiram ovos uma vez por semana e uma vez de quinze em quinze dias, respetivamente. Vinte e três por cento dos inquiridos consumiram ocasionalmente produtos de fast food e 77% dos inquiridos não consumiram de todo produtos de fast food.

Dahiya e Kapoor (1992) efectuaram um inquérito a 250 crianças de oito a dez anos que frequentavam a escola na zona rural de Haryana para estudar o padrão alimentar, o estado nutricional e identificar o grau de prevalência da subnutrição. Verificou-se que as refeições dos grupos de baixo e médio rendimento eram predominantemente à base de cereais e não continham alimentos protectores como legumes, fruta, leite e produtos lácteos. Os grupos com rendimentos elevados incluíam mais frequentemente alimentos protectores nas suas dietas.

4.3. ESTADO NUTRICIONAL DOS INQUIRIDOS

4.3.1. Medidas antropométricas

As medidas antropométricas e os métodos de exame clínico foram avaliados para determinar o estado nutricional das mulheres rurais. O padrão de crescimento e o estado físico do corpo são geneticamente predeterminados e profundamente influenciados pela alimentação e pela nutrição. As medidas antropométricas, como a altura, o peso e a espessura das dobras cutâneas das mulheres rurais, foram determinadas e o IMC foi calculado utilizando a fórmula peso (kg) / altura (m^2).

4.3.1.1. Altura dos inquiridos

A altura dos inquiridos foi medida e apresentada no Quadro 11.

Tabela 11. Altura dos inquiridos

Category	Height (range in cm)	Mean	Standard deviation
20-40 years	140 and 165	153.32	6.12

As alturas médias dos inquiridos pertencentes ao distrito de Madurai foram tabuladas no Quadro 11. A altura das mulheres rurais inquiridas variava entre 140 e 165 cm. A altura média das inquiridas foi de 153,32 cm e o desvio padrão foi de 6,12. Os resultados indicam que todas as inquiridas se situam no intervalo normal de altura. A altura média dos inquiridos pertencentes aos blocos de Vadipatti e Melur do distrito de Madurai foi estudada por Bairavi e Andal (2001), que referiram que os valores variavam entre 143 e 174 cm nos blocos de Vadipatti e Melur.

4.3.1.2. Peso dos inquiridos

O peso dos inquiridos foi medido e apresentado no Quadro 12.

Tabela 12. Peso dos inquiridos

Category	Weight (range in kg)	Mean	Standard deviation
20-40 years	40 and 65	51.8	4.93

O peso médio dos inquiridos pertencentes ao distrito de Madurai foi tabulado no Quadro 12. O peso das mulheres rurais inquiridas variava entre 40 e 65 kg no distrito de Madurai. O peso médio das inquiridas foi de 51,8 kg e o desvio padrão foi de 4,93. Os resultados indicam que todas as inquiridas se encontram dentro dos limites normais de peso. Bairavi e Andal (2001) estudaram os pesos médios das mulheres inquiridas pertencentes aos blocos de Vadipatti e Melur do distrito de Madurai e referiram que os valores variavam entre 43 e 64 kg nos blocos de Vadipatti e Melur.

4.3.1.3. Índice de massa corporal dos inquiridos

O índice de massa corporal foi calculado e apresentado na Tabela 13.

Tabela 13. Índice de massa corporal dos inquiridos

Category	Standard value	No. of persons	Mean	Standard deviation
20 to 40 years	< 18.5 18.5 – 22. 9 23.0 – 24.9 25.0 – 29.9 ≥ 30	1 52 37 - -	22.03	1.69

Os dados que indicam o IMC dos inquiridos estão representados na Tabela 13. Entre os noventa inquiridos, a maioria (52) situava-se no intervalo entre 18,5 e 22,9. Este valor foi seguido por 37 inquiridos que se encontravam no intervalo de 23,0 a 24,9. Apenas um tinha um IMC de 18,5. Os resultados revelaram que os inquiridos deste estudo possuíam valores normais de IMC. O IMC médio dos inquiridos pertencentes ao bloco de Vadipatti e Melur do distrito de Madurai foi estudado por Bairavi e Andal (2001) e indicou que os valores variavam entre 13 e 25 no bloco de Vadipatti e Melur.

4.3.1.4. Espessura da prega cutânea dos inquiridos

A espessura da prega cutânea foi medida e apresentada na Tabela 14.

Tabela 14. Espessura das pregas cutâneas dos inquiridos

Category	Skinfold thickness (range in mm) Standard value	No. of persons	Mean	Standard deviation
20 to 40 years	< 9.9 9.9 to 16.5 > 16.5	32 44 14	11.97	4.22

Os valores médios da espessura das pregas cutâneas dos inquiridos pertencentes ao distrito de Madurai são apresentados na Tabela 14. A gordura corporal pode ser medida através da determinação da espessura dos tecidos subcutâneos por meio de um paquímetro. A espessura das pregas cutâneas dos inquiridos variava entre 4 e 21 mm. A maioria dos inquiridos (44) tinha uma espessura de prega cutânea entre 9,9 e 16,5 mm, seguindo-se 32 inquiridos com uma espessura de prega cutânea inferior a 9,9 mm e 14 inquiridos com uma espessura de prega cutânea superior a 16,5 mm, respetivamente. A média das pregas cutâneas dos inquiridos foi de 11,97 mm e o valor padrão foi de 4,22. A espessura média das pregas cutâneas dos inquiridos pertencentes aos blocos de Vadipatti e Melur do distrito de Madurai foi estudada por Bairavi e Andal (2001), que referiram que os valores variavam entre 4 e 21 mm nos blocos de Vadipatti e Melur.

4.3.2. Exame clínico dos inquiridos

Os sintomas clínicos observados na área de estudo, tais como sinais de descoloração do cabelo, cegueira nocturna, estomatite angular, queliose, bócio, anemia e sangramento das gengivas, foram observados entre as mulheres inquiridas.

A observação sobre os vários sintomas de deficiência entre os inquiridos é apresentada a seguir. O número de inquiridos que sofrem de estomatite angular, queliose, sangramento das gengivas, olhos secos e enrugados e bócio no distrito de Madurai foi de 45, 21, 28, 22 e um, respetivamente. Neste estudo, os inquiridos foram afectados por um maior número de deficiências nutricionais. O consumo de alimentos ricos em riboflavina é baixo, pelo que foram afectados pela deficiência de riboflavina. A ingestão inadequada de alimentos ricos em ferro pelos inquiridos resultou em anemia por deficiência de ferro. Os inquiridos não tinham conhecimento da utilização de sal iodado e do consumo de alimentos ricos em iodo, pelo que alguns deles foram afectados pela deficiência de iodo. O consumo de alimentos ricos em vitamina A era baixo, pelo que os sintomas de deficiência de vitamina A foram observados em alguns inquiridos.

4.4. DESENVOLVIMENTO DE DISCOS COMPACTOS MULTIMÉDIA PARA A NUTRIÇÃO
A EDUCAÇÃO E O ESTUDO DO SEU IMPACTO

Este estudo foi efectuado em três fases. A fase I incluiu a avaliação dos conhecimentos actuais sobre a importância dos micronutrientes e as suas deficiências. A fase II consistiu na realização de educação nutricional através de um disco compacto multimédia e a fase III foi um inquérito de acompanhamento para avaliar o impacto do programa multimédia entre os inquiridos. Os dados foram calculados através de uma análise percentual.

4.4.1. Aquisição de conhecimentos

O ganho de conhecimentos foi operacionalizado como a quantidade de informação ou de mensagem recentemente aprendida pelos inquiridos através dos meios audiovisuais utilizados no programa de educação nutricional. Os conhecimentos dos inquiridos foram medidos em três fases: antes da exposição, imediatamente após a exposição e 15 dias após a exposição ao programa de educação.

A diferença entre a pós-exposição e a imediatamente após a exposição foi considerada como um ganho de conhecimentos. As pontuações obtidas por cada um dos inquiridos foram convertidas em percentagem.

4.4.2. Retenção de conhecimentos

A retenção de conhecimentos foi operacionalizada como a parte do quantum de informação sobre a mensagem retida ou recordada pelos inquiridos através da educação nutricional após um período de 15 dias.

O nível de conhecimento percentual dos inquiridos foi medido 15 dias após a exposição educativa e o mesmo foi considerado como o conhecimento retido. A diferença entre a exposição imediata e a exposição após 15 dias de intervalo foi considerada como retenção de conhecimentos. No processo de retenção, o nível de conhecimentos é reduzido.

4.4.3. Conhecimentos sobre nutrição e educação para a saúde

4.4.3.1. Conhecimentos sobre as Doenças por Carência de Micronutrientes (DDM)

O conhecimento sobre a importância da doença por deficiência de micronutrientes é apresentado no Quadro 15. Cerca de 21% dos inquiridos estavam sensibilizados para a DDM. Na fase de exposição imediata, 100% dos inquiridos responderam corretamente e, no que diz respeito ao teste administrado após 15 dias de pós-exposição para a retenção de conhecimentos, apenas 13% dos inquiridos estavam sensibilizados para a DAM. Setenta e um por cento das pessoas tinham conhecimento da DVA na fase de pré-exposição. Na fase de exposição imediata, 100% das pessoas tinham conhecimento da DVA. A análise da retenção de conhecimentos indicou que 11% das pessoas tinham conhecimento da DVA e apenas 2% tinham conhecimento dos sintomas da DVA na fase de pré-exposição. Na fase de exposição imediata, 100% das pessoas tinham conhecimento dos sintomas da DVA. A análise da retenção de conhecimentos indicou que 13% dos inquiridos estavam sensibilizados para os sintomas da DVA. Um por cento dos inquiridos apenas tinha conhecimento dos factores de risco. Na fase de exposição imediata, 89% dos inquiridos estavam sensibilizados e, após 15 dias de pós-exposição, a retenção de conhecimentos era apenas de 5%. Cerca de 12% dos inquiridos estavam sensibilizados para a prevenção. Na fase de exposição imediata, 100% dos inquiridos responderam corretamente e, no que se refere ao teste administrado após 15 dias de pós-exposição para a retenção de conhecimentos, 9% dos inquiridos estavam sensibilizados para a prevenção. Setenta e nove por cento dos participantes estavam sensibilizados para os alimentos ricos em vitamina A na fase de pré-exposição. Na fase de exposição imediata, 100% das pessoas estavam sensibilizadas para a DVA. Na fase de retenção de conhecimentos, apenas oito por cento das crianças estavam sensibilizadas para os alimentos ricos em vitamina A.

Tabela 15. Conhecimento dos inquiridos sobre a DMP

S. No	MDD awareness score	Pre exposure		Immediate exposure		After 15 days exposure		Knowledge gain		Knowledge retention	
		No.	Per cent	No.	Per cent	No.	Per cent	No.	Per cent	No.	Per cent
1.	Awareness about MDD	19	21	90	100	78	87	71	79	12	13
2.	Awareness about VAD	64	71	90	100	80	89	16	18	10	11
3.	Awareness about symptoms	2	2	90	100	78	87	88	98	12	13
4.	Awareness about risk factors	1	1	80	89	76	84	89	99	4	5
5.	Awareness about prevention	11	12	90	100	82	91	79	88	8	9
6.	Awareness about vitamin A rich foods	71	79	90	100	83	92	19	21	7	8

4.4.3.2. Conhecimentos sobre a doença por deficiência de iodo (DDI)

Tabela 16. Conhecimentos dos inquiridos sobre DDI

S. No	Knowledge about IDD	Pre exposure		Immediate exposure		After 15 days exposure		Knowledge gain		Knowledge retention	
		No.	Per cent	No.	Per cent	No.	Per cent	No.	Per cent	No.	Per cent
1.	Awareness about IDD	5	6	90	100	76	84	85	94	14	16

2.	Awareness about causes	14	16	82	91	70	78	68	75	12	13
3.	Awareness about symptoms	5	6	85	94	76	84	80	88	9	10
4.	Awareness about ill effects	2	2	90	100	86	96	88	98	4	4
5.	Awareness about prevention	4	4	90	100	68	76	86	96	22	24
6.	Awareness on iodine rich foods	6	7	90	100	86	96	84	93	4	4

O quadro 16 indica o conhecimento sobre as IDD. Seis por cento das pessoas só tinham conhecimento das DDI na fase de pré-exposição. Na fase de exposição imediata, 100% das pessoas tinham conhecimento das DDI. Ao nível da retenção de conhecimentos, 16% dos inquiridos têm conhecimento das DDI. Dezasseis por cento tinham conhecimento das causas na fase de pré-exposição. Na fase de exposição imediata, 91% dos inquiridos tinham conhecimento das causas e 13% tinham conhecimento das causas ao nível da retenção. Seis por cento dos inquiridos apenas tinham conhecimento dos sintomas. Na fase de exposição imediata, 94% dos inquiridos estão sensibilizados e, após 15 dias de pós-exposição para a retenção de conhecimentos, 10% dos inquiridos estavam sensibilizados para os sintomas. Dois por cento dos inquiridos apenas tinham conhecimento dos efeitos nocivos. Na fase de exposição imediata, 100% dos inquiridos responderam corretamente e, no que se refere ao teste administrado após 15 dias de pós-exposição para retenção de conhecimentos, apenas 4% dos inquiridos estavam sensibilizados para os efeitos nocivos. Na fase de pré-exposição, quatro por cento das pessoas estavam sensibilizadas para a prevenção. Na fase de exposição imediata, 100% das pessoas estavam sensibilizadas para a prevenção. Ao nível da retenção de conhecimentos, 24% dos inquiridos estão sensibilizados para a prevenção. Sete por cento dos inquiridos apenas tinham conhecimento dos alimentos ricos em iodo. Na fase de exposição imediata, 100% dos inquiridos responderam corretamente ao teste administrado e, após 15 dias de pós-exposição, para a retenção de conhecimentos, 4% dos inquiridos estavam sensibilizados para os alimentos ricos em iodo.

Chandra *et al.* (2003) referiram que, numa população de 1150 membros, foram registados 18,26 e 42,6 por cento, respetivamente, de abortos espontâneos e de nados-mortos. Para evitar estes tipos de falhas reprodutivas, os níveis normais de hormonas da tiroide devem ser mantidos através do consumo de uma quantidade adicional de iodo na alimentação diária.

4.4.3.3. Conhecimentos sobre sal iodado

Tabela 17. Conhecimentos sobre sal iodado entre os inquiridos

S. No	Knowledge about iodized salt	Pre exposure		Immediate exposure		After 15 days exposure		Knowledge gain		Knowledge retention	
		No.	Per cent	No.	Per cent	No.	Per cent	No.	Per cent	No.	Per cent
1.	Awareness about the use of iodized salt	85	94	90	100	86	96	5	6	4	4
2.	Awareness about cost differentiation of normal salt & iodized salt	55	61	90	100	72	80	35	39	18	20

Os resultados da Tabela 17 mostram o conhecimento sobre o uso de sal iodado. Cerca de 94% dos inquiridos tinham conhecimento da utilização de sal iodado na fase de pré-exposição. Na fase de exposição imediata, 100 por cento responderam corretamente. Relativamente ao teste administrado após 15 dias de pós-exposição para retenção de conhecimentos, quatro por cento dos inquiridos estavam sensibilizados para a utilização de sal iodado. Cerca de 61% dos inquiridos tinham conhecimento da diferenciação de custos entre o sal normal e o sal iodado. Na fase de exposição imediata, 100% dos inquiridos responderam e, no que diz respeito ao teste administrado após 15 dias de pós-exposição para retenção de conhecimentos, 20% dos inquiridos estavam sensibilizados para a utilização de sal iodado.

Satapathy *et al.* (2004) afirmaram que, entre os 400 indivíduos estudados, apenas 1,7 por cento tinham conhecimentos sobre o tipo de sal utilizado e 2,25 por cento tinham conhecimentos sobre a venda de sal iodado no sistema de distribuição pública.

4.4.3.4. Conhecimentos sobre a anemia por deficiência de ferro (AID)

Tabela 18. Conhecimentos dos inquiridos sobre IDA

S. No	Knowledge about IDA	Pre exposure		Immediate exposure		After 15 days exposure		Knowledge gain		Knowledge retention	
		No.	Per cent	No.	Per cent	No.	Per cent	No.	Per cent	No.	Per cent
1.	Awareness about IDA	62	69	90	100	76	84	28	31	14	16
2.	Awareness about symptoms of anaemia	56	62	90	100	68	76	34	38	22	24
3.	Awareness about prevention	19	21	78	87	74	82	59	66	4	4
4.	Awareness about iron rich foods	74	82	84	93	78	87	10	11	6	6
5.	Awareness about promoter and inhibitor of iron	-	-	90	100	86	96	90	100	4	4
6.	Awareness about iron rich sweets	16	18	90	100	83	92	74	82	7	8

A tabela indica o conhecimento sobre a anemia. Neste estudo, sessenta e nove por cento das pessoas tinham conhecimento da AID na fase de pré-exposição. Na fase de exposição imediata, 100 por cento das pessoas estavam sensibilizadas para a AID. Ao nível da retenção de conhecimentos, 16% dos inquiridos estavam sensibilizados para a AID. Cerca de 62% dos inquiridos tinham conhecimento dos sintomas da AID. Na exposição imediata, 100% dos inquiridos responderam corretamente ao teste administrado após 15 dias de pós-exposição e, na retenção de conhecimentos, 24% dos inquiridos estavam sensibilizados para os sintomas. Cerca de 21% das pessoas estavam sensibilizadas para a prevenção na fase de pré-exposição. Na fase de exposição imediata, 87% das pessoas estavam sensibilizadas para a prevenção. Ao nível da retenção de conhecimentos, seis por cento dos inquiridos estavam sensibilizados para a prevenção. Cerca de 82% dos inquiridos estavam sensibilizados para os alimentos ricos em ferro. Na fase de exposição imediata, 93% responderam corretamente e, no que diz respeito ao teste administrado após 15 dias de pós-exposição para retenção de conhecimentos, 6% tinham conhecimento dos alimentos ricos em ferro. Nenhum deles tinha conhecimento dos promotores e inibidores do ferro na fase de pré-exposição. Na fase de exposição imediata, 100% das pessoas tinham conhecimento dos promotores e inibidores do ferro. Ao nível da retenção de conhecimentos, quatro por cento das pessoas tinham conhecimento dos promotores e inibidores do ferro. Na fase de pré-exposição, dezoito por cento das pessoas tinham conhecimento dos doces ricos em ferro. Na fase de exposição imediata, 100% das pessoas tinham conhecimento dos doces ricos em ferro. Ao nível da retenção de conhecimentos, oito por cento das pessoas tinham conhecimento dos doces ricos em ferro.

4.4.3.5. Conhecimentos sobre a deficiência de riboflavina

Tabela 19. Conhecimentos dos inquiridos sobre a deficiência de riboflavina

S. No	Knowledge about riboflavin deficiency	Pre exposure		Immediate exposure		After 15 days exposure		Knowledge gain		Knowledge retention	
		No.	Per cent	No.	Per cent	No.	Per cent	No.	Per cent	No.	Per cent
1.	Awareness about riboflavin deficiency	25	28	90	100	86	96	65	72	4	4
2.	Awareness about prevention	9	10	83	92	79	88	72	82	4	4
3.	Awareness about riboflavin rich foods	-	-	90	100	85	94	90	100	5	6

Os dados observados no Quadro 19 indicam o conhecimento da deficiência de riboflavina. Cerca de 28% dos inquiridos tinham conhecimento da deficiência de riboflavina. Na fase de exposição imediata, 100% dos inquiridos estavam sensibilizados e, após 15 dias de pós-exposição para retenção de conhecimentos, 4% dos inquiridos estavam sensibilizados para a deficiência de riboflavina. Dez por cento das pessoas estavam sensibilizadas para a prevenção na fase de pré-exposição. Na fase de exposição imediata, 92% das pessoas estavam sensibilizadas para a prevenção. Na retenção de conhecimentos, quatro por cento dos inquiridos estavam sensibilizados para a prevenção. Nenhum dos inquiridos estava sensibilizado para os alimentos ricos em riboflavina. Na fase de exposição imediata, 100% dos inquiridos estavam sensibilizados para a prevenção e, após 15 dias de pós-exposição para a retenção de conhecimentos, 6% dos inquiridos estavam sensibilizados para os alimentos ricos em riboflavina.

4.4.3.6. Conhecimentos sobre a prevenção da deficiência de micronutrientes (MDD)

Tabela 20. Conhecimentos dos inquiridos sobre a prevenção da TDM

S. No	Awareness about prevention of MDD	Pre exposure		Immediate exposure		After 15 days exposure		Knowledge gain		Knowledge retention	
		No.	Per cent	No.	Per cent	No.	Per cent	No.	Per cent	No.	Per cent
1.	Aware about how to overcome the MDD	-	-	90	100	85	94	90	100	5	6
2.	Awareness about mass media exposure	77	85	90	100	74	82	13	15	16	18
3.	Awareness about biochemical checkups	15	17	85	94	80	91	70	77	5	6

A partir do Quadro 20, pode depreender-se que nenhum deles tinha conhecimento sobre como ultrapassar a DQD na fase de pré-exposição. Na fase de exposição imediata, 100% dos inquiridos estavam sensibilizados para a prevenção da DQD. Na fase de retenção de conhecimentos, seis por cento dos inquiridos estavam sensibilizados para a forma de ultrapassar estas deficiências. Cerca de 85% dos inquiridos estavam sensibilizados para a exposição aos meios de comunicação social. Na fase de exposição imediata, 100% dos inquiridos responderam corretamente e, no que se refere ao teste administrado após 15 dias de pós-exposição para retenção de conhecimentos, 18% dos inquiridos estavam sensibilizados para a DQD. Cerca de 17% dos inquiridos estavam sensibilizados para a realização de exames bioquímicos. Na fase de exposição imediata, 94% dos inquiridos responderam corretamente e, no que se refere ao teste administrado após 15 dias de pós-exposição para retenção de conhecimentos, 6% dos inquiridos estavam sensibilizados para os exames bioquímicos. Este relatório permitiu concluir que os inquiridos estavam sensibilizados para a prevenção destas deficiências após 15 dias de exposição.

Satapathy *et al.* (2004) indicaram que a fonte de informação sobre o sal iodado encontrada nos jornais, na rádio e na televisão entre os inquiridos foi de 2,25, 3,25 e 15,75 por cento, respetivamente. A percentagem de inquiridos expostos à televisão foi elevada (15,75). A percentagem de inquiridos que lêem jornais foi comparativamente muito baixa devido ao seu baixo nível de literacia.

Por conseguinte, pode concluir-se que a educação nutricional contribuiu para uma retenção significativa de conhecimentos entre os inquiridos no que diz respeito às perturbações por deficiência de micronutrientes. Esta conclusão corrobora os resultados de Sunderaswamy e Rao (1977), que registaram uma diferença significativa no nível de conhecimentos entre o momento imediatamente a seguir à exposição das mulheres agricultoras à televisão e 15 dias após a transmissão.

Entende-se que o nível de aquisição de conhecimentos e o nível de retenção de conhecimentos foram melhorados devido à exposição das mulheres inquiridas à educação nutricional que transmite informações sobre as doenças relacionadas com a deficiência de micronutrientes.

CAPÍTULO 5

RESUMO E CONCLUSÕES

O breve resumo dos resultados da investigação sobre "Prevalência de deficiências de micronutrientes (mulheres entre os 20 e os 40 anos) e desenvolvimento de um disco compacto multimédia para educação nutricional" é apresentado a seguir, juntamente com as conclusões válidas retiradas do estudo.

5.1. CARACTERÍSTICAS SOCIOECONÓMICAS

Dos resultados conclui-se que 32% dos inquiridos eram analfabetos; 20% dos inquiridos concluíram o ensino primário; 28% concluíram o ensino secundário; 13% concluíram o ensino secundário e 7% tinham o ensino superior.

Entre as mulheres rurais inquiridas, 33% pertenciam a uma casta atrasada, 17% pertenciam à casta mais atrasada e 50% pertenciam a uma casta classificada.

Oitenta por cento das mulheres rurais inquiridas pertenciam à religião hindu, seguidas das muçulmanas, que representavam 16%, e quatro por cento pertenciam ao cristianismo.

Oitenta e seis por cento das mulheres rurais inquiridas eram casadas e 14% eram solteiras.

Oitenta e um por cento dos inquiridos pertenciam a uma família nuclear e 19% pertenciam a uma família conjunta.

Vinte e cinco por cento dos inquiridos tinham menos de quatro membros, 69% dos inquiridos tinham seis membros e apenas 6% tinham mais de seis membros.

Oitenta por cento das mulheres rurais tinham um baixo nível de rendimento mensal, seguidas de 14% do grupo de rendimento médio e 6% do grupo de rendimento elevado.

Sessenta e quatro por cento das casas eram de telha, três por cento eram de colmo e 33 por cento eram casas de betão.

5.2. FREQUÊNCIA DO PADRÃO DE CONSUMO DE ALIMENTOS ENTRE OS INQUIRIDOS

As mulheres rurais inquiridas consomem cereais, leguminosas, legumes, leite e produtos lácteos, gorduras e óleos, açúcar e açúcar de cana e especiarias e condimentos na sua alimentação diária. Oitenta e oito e doze por cento das inquiridas consumiam legumes de folha verde uma vez por semana e uma vez por quinzena, respetivamente. Trinta e três, quarenta e cinco e vinte e dois por cento dos inquiridos consumiam fruta uma vez por semana, uma vez por quinzena e ocasionalmente. Todos os inquiridos eram não vegetarianos. Sessenta e quarenta por cento dos inquiridos consumiam ovos uma vez por semana e uma vez por quinzena, respetivamente. Vinte e três por cento dos inquiridos consumiram ocasionalmente produtos de fast food e setenta e sete por cento dos inquiridos não consumiram de todo produtos de fast food.

5.3. ESTADO NUTRICIONAL

5.3.1. Medidas antropométricas

A altura dos inquiridos varia entre 140 e 165 cm. A altura média dos inquiridos foi de 153,32 cm e o desvio padrão de 6,12. O peso dos inquiridos variava entre 40 e 65 kg. O peso médio dos inquiridos foi de 51,8 kg e o desvio-padrão de 4,93. O IMC dos inquiridos varia entre 13 e 25. O valor médio do IMC foi de 22,03 e o desvio-padrão foi de 1,69. A espessura normal da prega cutânea tricipital varia entre 14,9 e 16,5 mm. O valor médio da espessura da dobra cutânea foi de 11,97 mm e o desvio padrão foi de 4,22. Os resultados do estudo revelaram que a maioria dos inquiridos se encontrava dentro dos valores normais de altura, peso, IMC e espessura das pregas cutâneas.

5.3.2. Exame clínico dos inquiridos

O número de inquiridos que sofriam de estomatite angular, queliose, sangramento das gengivas, olhos secos e enrugados e bócio no distrito de Madurai era de 45, 21, 28, 22 e um, respetivamente. Os resultados permitiram inferir que, devido ao baixo estatuto socioeconómico dos inquiridos, estes poderiam ter consumido alimentos inadequados ricos em micronutrientes nas suas dietas diárias antes de serem expostos à educação nutricional. Mas a educação nutricional teve influência no consumo de alimentos ricos em micronutrientes entre os inquiridos.

5.4. EDUCAÇÃO NUTRICIONAL ATRAVÉS DE UM COMPACTO MULTIMÉDIA DISC

Foi preparado um disco compacto multimédia para educar as mulheres rurais inquiridas. O programa de disco compacto multimédia foi preparado com ênfase na importância dos micronutrientes, distúrbios de deficiência, sintomas clínicos, estado nutricional, prevenção da deficiência de micronutrientes e alimentos ricos em micronutrientes. Foi realizado um programa de educação nutricional com um disco compacto multimédia para as mulheres inquiridas das aldeias seleccionadas.

5.5. DESENVOLVIMENTO DE DISCOS COMPACTOS MULTIMÉDIA PARA A

NUTRIÇÃO

A EDUCAÇÃO E O ESTUDO DO SEU IMPACTO

5.5.1. Conhecimentos sobre as Doenças por Carência de Micronutrientes (DDM)

Ao realizar a educação nutricional, os conhecimentos adquiridos pelos inquiridos sobre a DMP, a DVA, os sintomas, os factores de risco, a prevenção e os alimentos ricos em vitamina A foram de 79, 18, 98, 99, 88 e 21 por cento, respetivamente. A retenção de conhecimentos por parte dos inquiridos sobre a DMP, a DVA, os sintomas, os factores de risco, a prevenção e os alimentos ricos em vitamina A foi de 13, 11, 13, 5, 9 e 8%, respetivamente.

5.5.2. Conhecimentos sobre a doença por deficiência de iodo (DDI)

Ao realizar a educação nutricional, os conhecimentos adquiridos pelos inquiridos sobre DDI, causas, sintomas, efeitos nocivos, prevenção e alimentos ricos em iodo foram de 94, 75, 88, 98, 96 e 93%, respetivamente. A retenção de conhecimentos dos inquiridos relativamente às DDI, às causas, aos sintomas, aos efeitos nocivos, à prevenção e aos alimentos ricos em iodo foi de 16, 13, 10, 4, 24 e 4 por cento, respetivamente.

5.5.3. Conhecimentos sobre sal iodado

Através da realização de educação nutricional, o ganho de conhecimentos dos inquiridos sobre a utilização de sal iodado e a diferenciação de custos entre o sal normal e o sal iodado foi de seis e 39 por cento, respetivamente. A retenção de conhecimentos dos inquiridos relativamente à utilização de sal iodado e à diferenciação de custos entre o sal normal e o sal iodado foi de quatro e 20 por cento, respetivamente.

5.5.4. Conhecimentos sobre a anemia por deficiência de ferro (AID)

Através da realização de educação nutricional, os conhecimentos adquiridos pelos inquiridos sobre a AID, os sintomas, a prevenção, os alimentos ricos em ferro, o promotor e o inibidor do ferro e os doces ricos em ferro foram de 31, 38, 66, 11, 100 e 82%, respetivamente. A retenção de conhecimentos dos inquiridos relativamente à AID, aos sintomas, à prevenção, aos alimentos ricos em ferro, aos promotores e inibidores do ferro e aos doces ricos em ferro foi de 16, 24, 4, 6, 4 e 8 por cento, respetivamente.

5.5.5. Conhecimentos sobre a deficiência de riboflavina

Através da educação nutricional, os conhecimentos adquiridos pelos inquiridos sobre a deficiência de riboflavina, a prevenção e os alimentos ricos em riboflavina foram de 72, 82 e 100 por cento, respetivamente. A retenção de conhecimentos dos inquiridos sobre a deficiência de riboflavina, a prevenção e os alimentos ricos em riboflavina foi de 4, 4 e 6 por cento, respetivamente.

5.5.6. Conhecimentos sobre a prevenção da deficiência de micronutrientes

Através da realização de educação nutricional, os conhecimentos adquiridos pelos inquiridos sobre como ultrapassar a DMP, a exposição aos meios de comunicação social e os exames bioquímicos foram de 100, 15 e 77%, respetivamente. A retenção de conhecimentos dos inquiridos sobre como ultrapassar a DMP, a exposição aos meios de comunicação social e os exames bioquímicos foi de 6, 18 e 6 por cento, respetivamente.

5.6. CONCLUSÕES

Dos resultados do presente inquérito foram retiradas as seguintes conclusões válidas.

❖ A maioria dos inquiridos era analfabeta e do grupo de baixo rendimento.

❖ A ingestão alimentar da maioria dos inquiridos era inadequada em termos de micronutrientes.

❖ A maioria dos inquiridos tinha altura, peso, IMC e espessura das dobras cutâneas normais.

❖ A educação nutricional através do disco compacto multimédia teve um grande impacto nos inquiridos.

❖ A educação nutricional teve influência no consumo de alimentos ricos em micronutrientes nas suas dietas diárias.

❖ Após a exposição à educação nutricional, a maioria dos inquiridos estava consciente da utilização de sal iodado.

❖ Os inquiridos manifestaram grande interesse em participar no programa de discos compactos multimédia.

5.7. SUGESTÕES PARA FUTUROS DOMÍNIOS DE INVESTIGAÇÃO

Este estudo limitou-se a mulheres rurais. Poderão ser efectuados estudos semelhantes com outros grupos de clientes.

Este estudo foi realizado a nível micro. Poderão ser efectuados estudos semelhantes aos níveis meso e macro.

É necessário efetuar um estudo comparativo entre crianças urbanas e rurais.

REFERÊNCIAS

Allen, G. H., Allen, C. J., Boyd, L. C. e Mills, B. P. A. 2003. Can anthropometric measurements and diet analysis serves as useful tools to determine risk factors for insulin resistant type 2 diabetes among white and black Americans? Nutrition. 19: 584-588.

Anon, 2000. Absorção de ferro e suas implicações nas estratégias de controlo da anemia por deficiência de ferro. Boletim do ICMR. 30(2): 1-7.

Anon, 2003. www.unsystem.org/Scn/archieves/scn/news 09/ch2.htm-54k.

Anon, 2004a. http://www.cipotato.org/Market/ARs/AR2004/pdf/ar2004_09.pdf.

Anon, 2004b. http://mikeschoice.com/reports/malnutrition worldwide.htm-43k.

Anónimo, 2005. A saúde vem com uma pitada de sal iodado. The Hindu. 30 de junho: 15.

Anon, 2006. FAO. Preventing micronutrient malnutrition: a guide to food based approaches. Repositório de Documentos Corporativos da FAO. p. 1-10.

Ansari, A. M., Khan, Z., Yunus, M. e Ahmad, J. 2005. Biochemical profile of patients suffering from iodine deficiency disorders. The Indian Journal of Nutrition and Dietetics. 42(9): 432-435.

Anuradha, V. e Sangeetha, K. 2001. Desenvolvimento e impacto do produto de malte de soja na melhoria do estado de ferro de raparigas adolescentes anémicas (16-18 anos). The Indian Journal of Nutrition and Dietetics. 38(5): 141-145.

Arora, A. 2000. Total and ionisable iron contents in some vegetables as influenced by cooking in iron utensil. Journal of Food Science and Technology. 37(1): 64-66.

Bairavi, K. e Andal, A. 2001. A study on the effect of socio economic status on the nutritional status of rural farm women in Madurai district. Tese de Mestrado, Faculdade de Ciências Domésticas e Instituto de Investigação, TNAU, Madurai.

Bamji, S. M, Rao, N. P. e Reddy, V. 2003. Avaliação antropométrica por estado nutricional. Text Book of Human Nutrition. Oxford e IBH publishing Co. Pvt. Ltd., Nova Deli: 49.

Banumathi, P. e Banumathi, P. 2001. Impact of nutrition education on dietary practices of selected rural farm women. Tese de Mestrado, Faculdade de Ciências Domésticas e Instituto de Investigação, TNAU, Madurai.

Banumathi, P. e Manimegalai, G. 1998. Estudos sobre os cuidados pré-natais de mulheres grávidas e práticas de alimentação infantil no distrito de Madurai. Tese de doutoramento, Faculdade de Ciências Domésticas e Instituto de Investigação, TNAU, Madurai.

Bayani, M. E. 2000. Reduzir a desnutrição por micronutrientes: políticas, programas, questões e perspectivas, diversificação da dieta através da produção de alimentos e educação nutricional. Boletim de Alimentação e Nutrição. 21(4): 521-526.

Behara, S. C. 1992. Programas de televisão educativos. Publicações Deep and Deep. New Delhi.

Bhanot, S. e Chauhan, G. 2003. Dietary profile of women in village of Eastern. U.P. The Indian Journal of Nutrition and Dietetics. 40(12): 455-461.

Bhaskarani, C. e Mahanta, J. 1996. Kitchen garden as a source of Vitamin A status in children. The Indian Journal of Nutrition and Dietetics. 33(5): 193195.

Biswas, H. A., Munsi, K. A., Chatterjee, T., Saha, K. A. e Basu, S. S. 2004. A cross sectional study on iodine deficiency disorder among school children in West Bengal. The Indian Journal of Nutrition and Dietetics. 41(4): 160-165.

Boora, P., Khetarpaul, N. e Grover, I. 1998. Impact of nutrition education on awareness about goiter and its preventive measures among farm women of endemic and non endemic regions of Haryana. Rural Development Abstracts. 21(3): 54.

Bulusu, S. 2000. Sistemas de distribuição para o controlo das deficiências de micronutrientes. Actas da Sociedade de Nutrição da Índia. 48: 96-101.

Chakravarty, I. 2000. Estratégias baseadas na alimentação para controlar a deficiência de vitamina A. Food and Nutrition Bulletin. 21(2): 135-143.

Chandra, A. K. Tripathy, S. Lahari, D. e Mukhopadhyay, S. 2004. Iodine content of drinking water in Gangetic West Bengal. The Indian Journal of Nutrition and Dietetics. 41 (6): 269-272.

Chandra, A. K., Tripathy, S., Mukhopadhyay, S. e Lahari, D. 2003. Studies on endemic goiter and associated iodine deficiency disorders (IDD) in rural area of the Gangetic West Bengal. The Indian Journal of Nutrition and Dietetics. 40(2): 53-58.

Chandrasekhar, U e George, B. 1990. Vitamin A nutrition among children of selected urban slums of Coimbatore and effect of interventions. The Indian Journal of Nutrition and Dietetics. 27(8):

229-235.

Dahiya, S. 2003. Nutritional profile of rural and urban adolescent girls of Bihar district of Haryana. The Indian Journal of Nutrition and Dietetics. 40(10): 374-379.

Dahiya, S. e Kapoor. 1992. Diet and nutritional assessment of selected infants and young children in rural areas of Haryana. The Indian Journal of Nutrition and Dietetics. 29(7): 238-239.

Demaeyer, E. e Adiels, T. M. 1985. The prevalence of anaemia in the world. World Health Statistics Quarterly. 38: 302-310.

Deshpande, S., Mishra, S. e Mishra, M. 2003. Nutritional profile of farm women of Madhya Pradesh and impact of nutrition education on the inclusion of soybean products. The Indian Journal of Nutrition and Dietetics. 40(5): 185-187.

Devadas, R. P., Sithalakashmi, S. e Padmakumari, S. 1982b. Nutrition education programme in Naickenpalayam village (Programa de educação nutricional na aldeia de Naickenpalayam). The Indian Journal of Nutrition and Dietetics. 19(8): 258-259.

Devadas, R. P., Sithalakshmi, S. e Vijayambal, C. 1982a. Improving the health, nutrition and sanitary conditions in a village through the education of women and children (Melhorar a saúde, a nutrição e as condições sanitárias numa aldeia através da educação de mulheres e crianças). The Indian Journal of Nutrition and Dietetics. 19(8): 255-257.

Devraj, S., Chaturvedi, K. e Khare, A.P. 2001. Information technology and agricultural extension. Agricultural Extension Review. 13(3): 2-8.

Diosady, L. L., Alberti, J. O. e Mannar, V. M. G. 2002. Micro encapsulamento para estabilidade do iodo em sal fortificado com fumarato ferroso e iodeto de potássio. Food Research International. 35: 635-642.

Emery, E., Ault, P. E. e Ager, K. W. 1965. Introduction to mass communication. Feffer and Simon's Pvt. Ltd., Bombaim.

George, K. A., Sreedevi, R., Kumar, S. N. e Sarma, S. P. 2003. A study on the influence of maternal factors on birth weight (Um estudo sobre a influência dos factores maternos no peso à nascença). The Indian Journal of Nutrition and Dietetics. 40 (8): 291-296.

Gogoi, M. e Bhattacharyya, R. 2003. Maternal and infant feeding practices of 'Mishimi' women in Lohit district of Arunachal Pradesh. The Indian Journal of Nutrition and Dietetics. 40 (12): 462-465.

Gopalan, C., Sastri, R. B. V., Balasubramanian, S. C., Rao, N. B. S., Deosthale, Y. G. e Pant, K. C. 2004. Recommended dietary allowances for Indians. Nutritive value of Indian foods (Valor nutritivo dos alimentos indianos). Instituto Nacional de Nutrição, ICMR, Hyderabad. 96-98.

Grover, K., Singh, I. e Sangha, J. K. 2003. Prevalência de malnutrição entre crianças rurais em idade pré-escolar pertencentes a diferentes regiões agro-climáticas do Punjab. Simpósio do 9º Congresso Asiático de Nutrição organizado pela Federação das Sociedades Asiáticas de Nutrição de 23 a 27 de fevereiro em Nova Deli: 178.

Hemalatha, G., Chandrasekhar, U e Sylvia, M. 2000. Iron profile of working women in comparison with housewives. The Indian Journal of Nutrition and Dietetics. 37(10):319-324.

Hemalatha, M. S. e Prakash, J. 2002. An awareness creation programme for women on nutrition through green leafy vegetables (Um programa de sensibilização para mulheres sobre nutrição através de vegetais de folhas verdes). The Indian Journal of Nutrition and Dietetics. 39 (1): 17-24.

Hill, D. I. 1998. Controlo e prevenção da malnutrição por micronutrientes. Asian Pacific Journal of Clinical Nutrition. 7 (1): 2-7.

Islam, N. M., Yusuf, H. K. M. e Rahman, M. 1991. Determinants of child night blindness evidences from a baseline survey in a coastal area of Bangladesh. The Indian Journal of Nutrition and Dietetics. 28(4): 109-117.

Jain, H. e Singh, H. 2003. A study on the nutritional status of women in the age group of 25-50 years working in sedentary job in Jaipur city. The Indian Journal of Nutrition and Dietetics. 46(3): 91-98.

Jelliffe, D. B. 1966. The assessment of the nutritional status of the community WHO monograph Series Geneva 53: 168-166.

Joshi, A. S. 2006. A avaliação do estado nutricional. Nutrition and Dietetics. Tata McGraw-Hill Publishing Company Ltd. New Delhi. 382-403.

Joshi, N e Singh, R. R. 2002. Desenvolvimento e avaliação de material didático para a educação nutricional. The Indian Journal of Nutrition and Dietetics. 39 (8): 373-378.

Kapil, U., Verma, D., Goel, M., Saxena, N., Gnanasekaran, N., Goindi, G. e Nayar, D. 1998. Dietary intake of trace elements and minerals among adults in under privileged communities of rural Rajasthan, India. Asian Pacific Journal of Clinical Nutrition. 7(1): 29-32.

Khader, V. 2006. Household food security to combat micronutrient malnutrition. Indian Farming. 2: 35-37.

Kumar, A., Gupta, S., Gupta, N. e Singh, B.B. 2003. Production and impact study of Vitamin A related video film for school children (Produção e estudo do impacto de um filme vídeo sobre a vitamina A para crianças em idade escolar). The Indian Journal of Nutrition and Dietetics. 40(6): 225-227.

Laurberg, P., Pedersen, K. M. e Bohr, S. B. 1993. Iodine intake in Denmark- influence on the pattern of thyroid disease.

Leela, T. T. e Priya, S. 2002. Iron status and morbidity pattern among selected school children. The Indian Journal of Nutrition and Dietetics. 39(5): 216222.

Lodha, L. M., Prasanna, M. B. e Pal, K. R. 2005. Alleviating the 'Hidden Hunger' through better harvest. Indian Farming. 3: 20-23.

Manay, S. N e Swamy, S. M. 2005. Micronutrientes. Factos e princípios alimentares. Publicação Internacional New Age. 86.

Mathuravalli, S. D. 1993. A study on the effect of socio economic status on the nutritional status of mothers (20-28 years) and the pregnancy outcome in selected urban slum areas of Madurai district. Tese de Mestrado, Faculdade de Ciências Domésticas e Instituto de Investigação, TNAU, Madurai.

Meenakshi, V. 1994. Extensão da participação em ocupações subsidiárias por mulheres rurais e seu impacto. Tese de Mestrado (Ag.), Colégio Agrícola e Instituto de Investigação, TNAU, Madurai.

Meenakshisundaram, K. S. 1990. Television viewing behaviour of farm women and their impact. Tese de Mestrado (Ag). Tese, Colégio Agrícola e Instituto de Investigação, TNAU,

Coimbatore.

Mohankumar, B. J. e Bhavani, K. 2004. The efficacy of cauliflower greens (Brassica olerceal var. botrytis) preparation in improving blood haemoglobin in selected adolescent girls. The Indian Journal of Nutrition and Dietetics. 41(2): 63-66.

Mohapatra, R. S. B., Ramadasmurthy, V., Mohanram, M. e Naidu, N. A. 1985. Health and nutrition education in primary schools. . The Indian Journal of Nutrition and Dietetics. 22 (9):272-279.

Mridula, D., Mishra, C. P. e Chakraverty, A. 2003. Dietary intake of expectant mothers. The Indian Journal of Nutrition and Dietetics. 40(1): 24-30.

Muhilal, 1996. Transitions in diet and health: implication of modern lifestyles in Indonesia (Transições na alimentação e na saúde: implicações dos estilos de vida modernos na Indonésia). Asian Pacific Journal of Clinical Nutrition. 5 (3):132-134.

Navarrete, M. N. Camacho, M. N., Lahuerta, M. J., Monzo, M. J. e Fito, P. 2002. Deficiência de ferro e alimentos fortificados com ferro - uma revisão. Food Research International. 35 (3): 225-231.

Palta, A. e Gurwara, N. 2003. Haemoglobin and cardiovascular efficiency of adolescent girls (Hemoglobina e eficiência cardiovascular das raparigas adolescentes). The Indian Journal of Nutrition and Dietetics. 40(9): 327332.

Parvathi, S., Chandrakandan, K. e Karthikeyan, C. 2002. Educating farm women through non projected aids. Agricultural Extension Review. 14(1): 25-28.

Paul, M. e Vijayalakshmi, P. 2002. Effect of improving the maternal nutritional status with reference to zinc, Vitamin A and iron on the birth weight of the new born. . The Indian Journal of Nutrition and Dietetics. 39(3): 95-104.

Prabhakaran, S. 2003. Nutritional status of adolescent girls residing in a university hostel. The Indian Journal of Nutrition and Dietetics. 40(8):274-279.

Premakumari, S., Gayathri, K. e Devi, G. E. 2003. Intrafamilial food distribution and nutritional status of selected textile labourer families in Coimbatore. The Indian Journal of Nutrition and Dietetics. 40(10): 358-32.

Punia, S., Chhikara, S. e Sangwan, S. 1997. Infant feeding and weaning practices in selected cultural zones of Haryana. The Indian Journal of Nutrition and Dietetics. 34(3): 102-105.

Pushpa, V. e Sheela, K. 1997. Impacto da informação sobre nutrição e saúde através dos meios de comunicação social. Indian Journal of Adult Education. 58(2): 68-73.

Rahman, M. e Rao, V. K. 2001. Effect of socio economic status on food consumption pattern and nutrient intakes of adults- a case study in Hyderabad. The Indian Journal of Nutrition and Dietetics. 38(9): 292-299.

Rajkumar, M e Kample. 2003. Nutritional status of adolescent girls in Western Konkan of Maharashtra (Estado nutricional das raparigas adolescentes no Konkan Ocidental de Maharashtra). The Indian Journal of Nutrition and Dietetics. 40(11): 416-422.

Ramadasmurthy, V., Lakshmikanthan, M., Naidu, N. A. e Mohanram, M. 1983. Nutrition profile and scope for nutrition education of industrial workers. The Indian Journal of Nutrition and Dietetics. 20(3): 118-127.

Rangaswamy, S. R. 1995. A text book of Agricultural Statistics, New Age International Publishers Ltd., New Delhi.

Rathakrishnan, T. 1988. Impact of Agricultural Telecast on farmers. Tese de Mestrado (Ag.), Colégio Agrícola e Instituto de Investigação, TNAU, Coimbatore.

Ravichandran, V. M. 1992. Effectiveness of video education among rural farm women. Tese de Mestrado (Ag.), Colégio Agrícola e Instituto de Investigação, TNAU, Madurai.

Sachithananthan, V. e Chandrasekhar, U. 2005. Nutritional status and prevalence of Vitamin A deficiency among preschool children in urban slums of Chennai city. The Indian Journal of Nutrition and Dietetics. 42(6): 259-265.

Satapathy, D. M., Behera, T. R. e Sahu, T. 2004. A study on goiter prevalence and knowledge and use of iodized salt in South Orissa. The Indian Journal of Nutrition and Dietetics. 41(9): 390-393.

Schultink, W., Gross, R., Sastroamidjojo, S. e Karyadi, D. 1996. Micronutrientes e estilo de vida urbano: estudos seleccionados em Jacarta. Asian Pacific Journal of Clinical Nutrition. 5(3):145-148.

Selvaraj, G. 1990. Eficácia do ensino por vídeo no comportamento afetivo, cognitivo e psicomotor dos agricultores. Tese de doutoramento, Colégio Agrícola e Instituto de Investigação, TNAU, Coimbatore.

Senthilkumar, S. 2004. Information technology in extension education. Agricultural Extension Review. 16(3): 3-5.

Sethuraman, P. S. 1998. Utilização de vídeo interativo na extensão agrícola. Agricultural Extension Review. 19(4): 21 -24.

Shanmugapriya, K. e Amutha, S. 2006. Efeito da suplementação de sal iodado nas hormonas da tiroide e nos perfis de TSH de indivíduos seleccionados. Tese de Mestrado, Faculdade de Ciências Domésticas e Instituto de Investigação, TNAU, Madurai.

Sharma, D.R. 1986. Educação nutricional num programa de educação de adultos. The Indian Journal of Nutrition and Dietetics. 18(1): 22-28.

Shekhar, A. 2005. Iron status of adolescent girls and its effect on physical fitness. The Indian Journal of Nutrition and Dietetics. 42(6): 451-456.

Singh, U., Kumar, A. R. e Singh, J. B. 1993. Effectiveness of calenders to impart vitamin A related knowledge to rural women (Eficácia dos calendários para transmitir conhecimentos relacionados com a vitamina A às mulheres rurais). Interaction. 11(2): 125-131.

Srijaya, M. e Rani, J. P. 2003. Energy balance in selected anaemic adolescent girls. . The Indian Journal of Nutrition and Dietetics. 40(2): 84- 90.

Subapriya, M. S. e Chandrasekhar, U. 2005. Maternal Vitamin A deficiency in selected areas of Tamilnadu (Deficiência materna de vitamina A em áreas seleccionadas de Tamilnadu). The Indian Journal of Nutrition and Dietetics. 42(10): 348-355.

Sunderaswamy, B. e Rao, M. K. S. 1977. An evaluation of SITE, Ph.D. Thesis Bangalore Agricultural University, Hebbal, Bengalore.

Swaminathan, M. 1969. Assessment of the nutritional status of the community, The Indian Journal of Nutrition and Dietetics. 6(2) : 122-145.

Swarnalatha, A. M. 1992. Avaliação da eficácia de quatro abordagens de ensino para aumentar os conhecimentos das mães rurais em matéria de nutrição. Rural development Abstracts. 21(4): 73.

Tatia, R. e Taneja, P. 2003. Dietary intake of tribal adolescent girls of Dhar district in Madhya Pradesh (Ingestão alimentar de raparigas adolescentes tribais do distrito de Dhar em Madhya Pradesh). The Indian Journal of Nutrition and Dietetics. 40(9): 344-347.

Underwood, A. B. 2000. Overcoming micronutrient deficiencies in developing countries. A agricultura tem um papel a desempenhar? Food and Nutrition Bulletin. 21(4): 356-360.

Vasudev, S., Mohan, A., Mohan, D., Farooq, S., Raj, D. e Mohan, V. 2004. Validação da medição da gordura corporal por dobras cutâneas e dois métodos de impedância bioeléctrica com DEXA - o Estudo de Epidemiologia Rural Urbana de Chennai (CURES-3). J Assoc Physicians India, 52: 877-881.

Vijayakumar, P. T., Mazmo, P., Devi, N. K. e Mohankumar, B. J. 2006. Prevalência de distúrbios da tiroide e estado do iodo entre mulheres adultas na área de thindal do distrito de Erode. The Indian Journal of Nutrition and Dietetics. 43(3): 116-123.

Vijayalakshmi, P. e Anitha, N. 2003. Avaliação dos factores causais e do perfil nutricional de indivíduos obesos seleccionados. The Indian Journal of Nutrition and Dietetics. 40(1): 436-446.

Vijayalakshmi, P. e Priya, P. D. 2003. Effect of supplementation of double fortified salt on the iron and iodine status of selected children in the age group of 10-14 years. The Indian Journal of Nutrition and Dietetics. 40(11): 392-397.

Vijayaraghavan, K. 2007. Iron deficiency anaemia and its control. The Indian Journal of Nutrition and Dietetics. 44(2): 107-114.

OMS, 1998. Revista Diária. Estudos refutam o conceito de que o corpo armazena a substância que produz a vitamina A: 1-2.

OMS, Associação Internacional para o Estudo da Obesidade e Grupo de Trabalho Internacional para a Obesidade. 2000. A perspetiva da Ásia-Pacífico. Redefinir a obesidade e o seu tratamento. Gabinete regional para o Pacífico Ocidental da Organização Mundial de Saúde. Comunicações de saúde. Australia Private Limited. p. 22-29.

Yegammai, C. e Gandhimathy, V. 1993. Impact of iron fortified salt supplementation and nutrition education in selected anaemic adolescent girls. The Indian Journal of Nutrition and Dietetics. 43(3): 145-148.

APÊNDICE - I

PROGRAMA DE ENTREVISTAS - AVALIAÇÃO DOS CONHECIMENTOS SOBRE A
IMPORTÂNCIA DOS MICRONUTRIENTES E DAS CARÊNCIAS

PARTE I INFORMAÇÕES GERAIS

1.	Name of the Place	:	
2.	Respondent name	:	
3.	Age	:	
4.	Address	:	
5.	Educational status	:	Illiterate / Primary / Middle / Secondary / College
6.	Caste		FC /BC /MBC /SC /ST /Others
7.	Religion	:	Hindu / Muslim / Christian
8.	Type of family	:	Joint / Nuclear
9.	Family size		1-4 / 4-6 / >6

A. Dados sobre os membros da família:

S. No	Family members (relationship to the respondent)	Sex M/F	Age	Marital status M/UM	Educational qualification	Occupation	Income/ month (in Rs.)

Sexo - M- Masculino   **Estado civil - M -** Casado
    F- Mulher   **UM -** Não casado

PARTE II

PADRÃO DE CONSUMO ALIMENTAR

A. Frequência do padrão de consumo alimentar

S. No.	Particulars	A	B	C	D	E	F
1.	Cereals						
2.	Pulses						
3.	Vegetables						
4.	Fruits						
5.	Roots and tubers						
6.	Green leafy vegetables						
7.	Milk and milk products						
8.	Flesh foods						
9.	Sugar and jaggery						
10.	Spices and condiments						
11.	Fats and oils						
12.	Nuts and oil seeds						
13.	Egg						
14.	Fast foods						

A- Diariamente, B- Em dias alternados, C- Uma vez por semana, D- Uma vez por quinzena, E- Ocasionalmente, F- Nunca

PARTE-III

CONHECIMENTO DA IMPORTÂNCIA DOS MICRONUTRIENTES E DAS SUAS
CARÊNCIAS

S. No	KNOWLEDGE ABOUT MICRONUTRIENT DEFICIENCY	NUTRITIONAL KNOWLEDGE		
		PRE EXPOSURE Yes/ No	IMMEDIATE EXPOSURE Yes/ No	AFTER 15 DAYS INTERVAL EXPOSURE Yes/ No
	Do you know the micronutrient deficiency disorders? If yes, mention the disorders			
	Do you know VAD? If yes, what are the symptoms of VAD?			
	Do you know VAD is damaging the skin?			
	Do you have any respiratory problem?			
	Do you know how to prevent the VAD disorder? If yes, mention			
	Do you know Vitamin A rich foods? If yes, list them.			
	Do you know IDD? If yes, mention the disorders			
	Do you know how leads to develop goiter?			
	Do you know the symptoms of IDD? If yes, listed			
	Do you know its affects on pregnancy? If yes, how.			
	Do you know how to prevent IDD?			

Do you know about iodized salt?			
Do you know iodine rich foods? If yes, list them.			
Do you know the cost differentiation from normal salt and iodized salt?			
Do you know what is anaemia?			
Do you know what are the symptoms of anaemia? If yes, mention			
Do you know how to prevent iron deficiency anaemia? If yes, mention			
Do you know iron rich foods? If yes, list them.			
Do you know the iron absorption promoter and inhibitor? If yes, mention the promoter and inhibitor			
Do you know iron rich sweets? If yes, list them.			
Do you know what are the symptoms of riboflavin deficiency? If yes, mention			
Do you know how to prevent the riboflavin deficiency? If yes, mention			
Do you know riboflavin rich foods? If yes, list them			
What steps you take to overcome the micronutrient deficiency disorders?			
Have you come across the importance of micronutrients through Medias? If yes, mention the source of media			
Have you gone for any			

micronutrient related biochemical checkups?			
If yes, mention the checkup			

PARTE-IV

MEDIDAS ANTROPOMÉTRICAS E CLÍNICAS

EXAME

A. **Medidas antropométricas**

1. Altura (cm)
2. Peso (Kg)
3. Índice de massa corporal (IMC)
4. Espessura da prega cutânea (mm)

B. **Exame clínico**
1. **Sinais de malnutrição**

   a. Unhas em forma de colher
   b. Bócio
   c. Palidez dos olhos
   d. Xeroftalmia
   e. Estomatite angular
   f. Normal

2. **Cabelo**
   a. Normal
   b. Perda de brilho
   c. Descoloridos e secos
   d. Esparso e quebradiço

3. **Olhos**
   a. Normal
   b. Seco e enrugado
   c. Xerose
   d. Ponto de Bitot
   e. Cegueira nocturna

4. **Lábios**
   a. Normal
   b. Estomatite angular
   c. Quiloses

5. **Língua**
   a. Normal
   b. Vermelho e cru
   c. Pálido
   d. Revestido

6. **Gomas**
   a. Normal

b. Hemorragia
c. Esponjoso

7. Estado dos dentes
a. Normal
b. Fluorose
c. Dentes calcários
d. Pitting dos dentes
e. Dentes manchados e descoloridos

8. Glândulas

a. Normal
b. Aumento da tiroide
c. Aumento da paratide

9. Aspeto da pele

a. Normal
b. Perda de brilho
c. Seco e áspero
d. Hiperqueratose
e. Phrynoderma

10. Pregos

a. Normal
b. Koilonychia

11. Sistema muscular e esquelético

a. Normal
b. Perda de massa muscular
c. Perna de arco
d. Peito de pombo

APÊNDICE - III
LIVRO (Tamil)

APÊNDICE - II

Conteúdo do disco compacto multimédia (MCD) para a educação nutricional

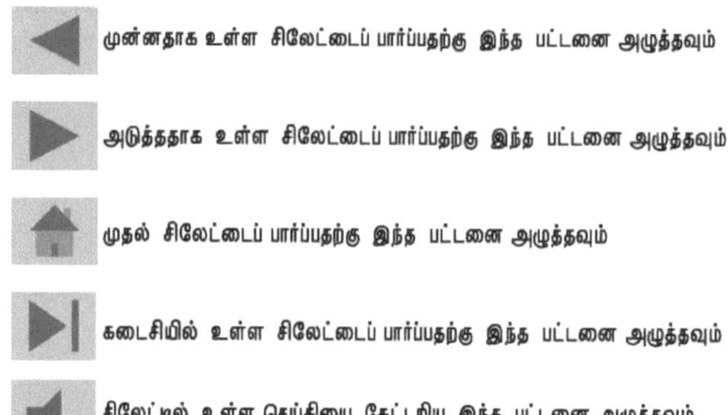

சரிவிகித உணவும் பற்றாக்குறை நோய்களும்

 நமது அன்றாட உணவிலிருந்து உடல் உறுப்புகள் நன்கு வேலை செய்வதற்கும், உடல் வளர்ச்சி பராமரிப்பிற்கும் மற்றும் பாதுகாப்பிற்கும் தேவையான உணவுச் சத்துக்களைப் போதிய அளவில் கொடுப்பது சரிவிகித உணவு என்பதாகும்.

 நமது வயது, பாலினம், வேலைப்பளு மற்றும் உடலுழைப்பு போன்றவைகளைக் கருத்தில் கொண்டு நமக்குத் தேவையான சத்துள்ள அனைத்து உணவு வகைகளையும் நமது உணவில் சேர்த்துக் கொள்ளுவதே சமச்சீர் உணவாகும்.

 தானியங்கள், சிறுதானியங்கள், பயறு வகைகள், பருப்பு வகைகள், கீரைகள், காய்கறிகள், கிழங்குகள், பழங்கள், பால், முட்டை, மாமிச வகைகள், எண்ணெய் வித்துக்கள், கொட்டைகள் மற்றும் சர்க்கரைப் பொருட்கள் முதலியவற்றை நமது தினசரி உணவில் சேர்த்துக் கொள்ள வேண்டும்.

உணவுப் பிரமிடு

 வயதிற்கும், செய்யும் தொழிலுக்கும் ஏற்றவாறு உணவுப்பொருட்களின் அளவை உணவில் சேர்க்கவேண்டும்.

 கர்ப்பிணிகள், பாலூட்டும் தாய்மார்கள் மற்றும் வளரும் குழந்தைகள் ஆகியோர்க்குப் புரதச்சத்து, உயிர்ச்சத்து மற்றும் தாதுஉப்புக்கள் மிகுந்த உணவுப்பண்டகங்களை அதிகமாகச் சேர்க்க வேண்டும்.

 அன்றாட உணவில், 65 சதவீதம் தானியங்களும், 35 சதவீதம் பருப்பு வகைகளையும் சேர்ப்பதனால், சக்தியும், புரதச்சத்துக்களும் கிடைக்க வாய்ப்பு உண்டு.

 ஒரு வேளைக்குக் கீரையும், இரண்டு வேளைக்குக் காய்கறிகளையும், பழங்களையும் சேர்ப்பதால் தாது உப்புக்கள் மற்றும் உயிர்ச்சத்துக்கள் நிறைந்த உணவு கிடைக்கும்.

 ஒரு டம்ளர் பால், ஒரு முட்டை அல்லது மாமிசமோ அன்றாட உணவில் இடம்பெறும் போது, உயர்ரகப் புரதச்சத்துடன் கூடிய அமினோ அமிலங்கள் கிடைக்கின்றன.

 சர்க்கரை, வெல்லம், கொட்டைகள் மற்றும் எண்ணெய் வித்துக்களையும் உணவில் சேர்க்கும் பொழுது மணமும், சுவையும் கிடைப்பதுடன், உடல் வேலை செய்வதற்கு வேண்டிய சக்தியைக் கொடுக்கும் மாவுச்சத்து மற்றும் கொழுப்புச் சத்துக்களும் கிடைக்கின்றது.

 மணத்திற்காகவும், சுவைக்காகவும் உணவில் சேர்க்கப்படும் மசாலாப்பொருட்கள் உணவுச் சத்துக்களைத் தன்னகத்தே கொண்டிருந்தாலும் குறைந்த அளவில் சேர்க்கப்படுவதால் சத்துக்கள் நமக்கு ஒரளவு கிடைக்கின்றது.

பிரிவு	விவரம்	தானியங்கள்	பருப்பு வகைகள்	கீரைகள்	இதர காய் வகைகள்	கிழங்கு வகைகள்	பழங்கள்	பால்	கொழுப்பு	சர்க்கரை (அ) வெல்லம்
ஆண்	லேசான வேலை செய்பவர்	480	40	50	60	50	30	150	40	30
	மிதமான வேலை செய்பவர்	520	50	50	70	60	30	200	45	35
	கடுமையான வேலை செய்பவர்	670	60	50	80	80	30	250	65	55
பெண்	லேசான வேலை செய்பவர்	410	40	100	40	50	30	100	20	20
	மிதமான வேலை செய்பவர்	440	45	100	40	50	30	150	25	20
	கடுமையான வேலை செய்பவர்	575	50	50	100	60	30	200	40	40
கர்ப்பிணிப் பெண்		+35	+15	—	—	—	—	+100	—	+10
பாலூட்டும் தாய்		+60	+30	—	—	—	—	+100	+10	+10

மூலம் : அகில இந்திய மருத்துவ ஆராய்ச்சி கழகம் (ICMR)

பற்றாக்குறை நோயகள்

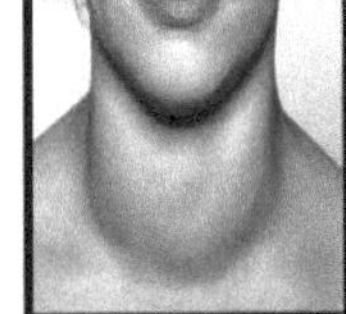

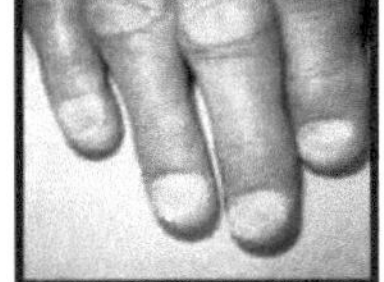

கழுத்துக் கழலை

அனீமியா (இரத்தச் சோகை)

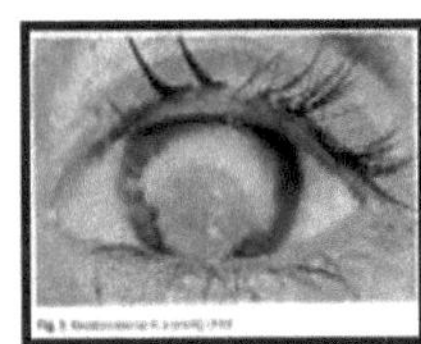

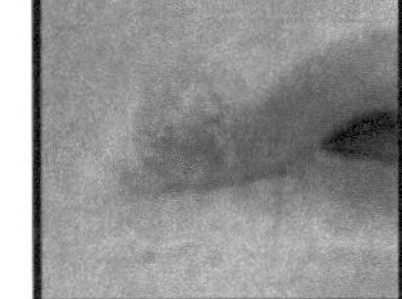

வைட்டமின் ' ஏ '

வைட்டமின் 'பி'

போதுமான அளவு சத்துக்கள் இல்லாத உணவுகளை நாம் நீண்ட நாட்களுக்குச் சாப்பிட்டால் ஒன்று அல்லது அதற்கு மேற்பட்ட சத்துக்குறைவு நோய்கள் ஏற்படுகின்றன.

மாலைக்கண் நோய், இரத்தச் சோகை, கழுத்துக் கழலை மற்றும் வாயில் புண் ஏற்படுதல் போன்றவை பொதுவான சத்துப் பற்றாக்குறை நோய்கள் தோன்றுகின்றன.

பற்றாக்குறை நோய்களைச் சரியாக அடையாளம் கண்டு முறையான உணவுகளைத் தொடர்ந்து சாப்பிட்டால் இந்த மாதிரியான பற்றாக்குறை நோய்களிலிருந்து விடுபடலாம்.

வைட்டமின் 'ஏ' பற்றாக்குறை நோய்கள்

ஒவ்வொருவரும் தங்களுக்குத் தேவையான வைட்டமின்' ஏ'சத்தினை தினமும் எடுத்துக் கொள்ள வேண்டும்.

அவ்வாறு எடுக்கத் தவறும் போது அந்த சத்தின் பற்றாக்குறை நோய்க்கு நம் உடல் பாதிக்கப்படுவதோடு உடல் ஆரோக்கியத்திற்கும் கேடு ஏற்படுகிறது.

வைட்டமின் 'ஏ' பற்றாக்குறை நமது உடலில் அதிக பாதிப்புகளை ஏற்படுத்துகிறது.

இதனால் கண்பார்வை, தோல், நரம்பு மண்டலம், எலும்பு மண்டலம் மற்றும் சில சமயங்களில் இனப் பெருக்க மண்டலம் கூட பாதிக்கப்படுகிறது

மாலைக்கண்

- இந்த சத்து குறைவினால் மங்கிய இருட்டில் உள்ள பொருட்களைத் தெளிவாக பார்க்க முடியாது.

- படிப்பதோ, வாகனங்கள் ஓட்டுவதோ மிகவும் கடினமாக்கப்படுகிறது.

- காலப் போக்கில் மங்கிய இருட்டிலுள்ள பொருட்களைப் பார்க்கவே முடியாது.

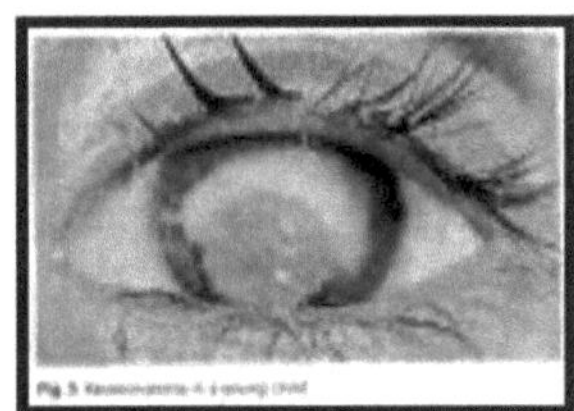

விழி வெண்படலப் பாதிப்பு

- கண்ணிலுள்ள தசைகள் பாதிக்கப்பட்டு விழி வெண்படலம் காய்ந்து தடித்து சொரசொரப்பாகிறது.

- விழியின் வெண்படலத்தின் நிறம் மாறி புகை மண்டலம் போல் தோன்றுகின்றது.

- இது எல்லா வகையினருக்கும் வரும் வைட்டமின் 'ஏ' பற்றாக்குறை நோயின் அறிகுறியாகும்.

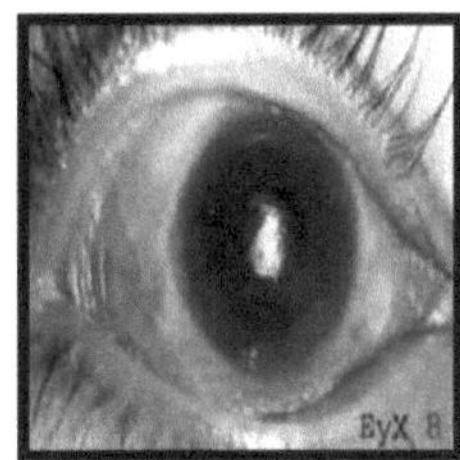

விழி கரும்படலம்

- விழி வெண்படலம் பாதிக்கப்பட்ட பிறகு இந்த பாதிப்பு விழி கரும்படலத்திற்கும் பரவுகிறது

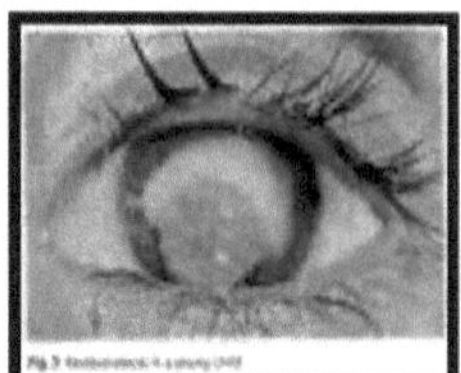

வெண்படலப் புள்ளி (பைடாட் ஸ்பாட்)

- கண்ணின் வெண்படலத்தில் உள்ள எபிதீலிய தசை பாதிக்கப்பட்டு தடித்து வெண்மை நிறத்தில் முக்கோண வடிவில் மேடான புள்ளி விழியின் வெளிப்படலத்தில் தோன்றுகிறது.

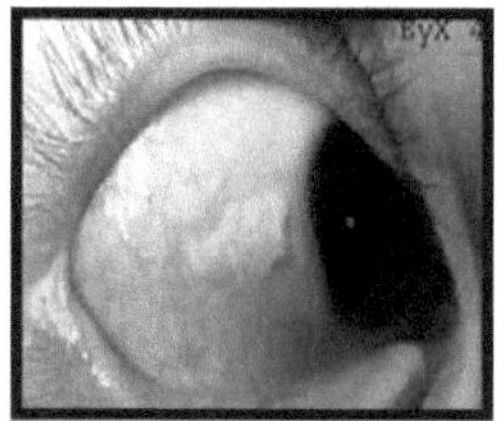

கெரட்டோமலேசியா

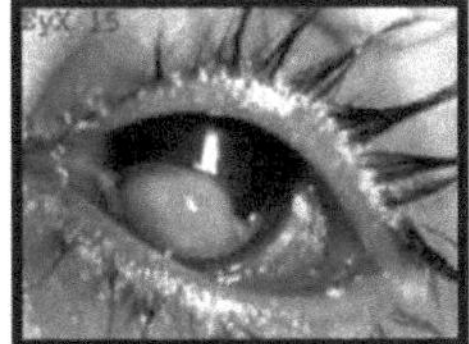

- கெரட்டோமலேசியா என்ற நிலையில் கண்ணின் வெண்படலமும், கரும்படலமும் அதிகம் பாதிக்கப்பட்டு குவிந்து தடித்து புண்ணாகிப் போவதால் கண்பார்வை நல்ல வெளிச்சத்தில் கூட பார்க்க முடியாமல் போகிறது.

சரும பாதிப்பு

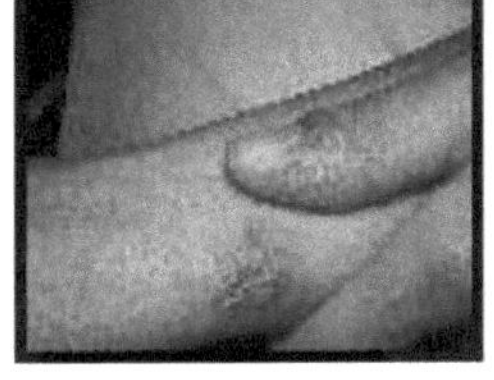

- வைட்டமின் 'ஏ' பற்றாக்குறை எபிதீலிய செல்களை பாதிப்பதால் தசைகள் பாதிக்கப்படுகின்றன.

- இது வியர்வை சுரப்பியை பாதிப்பதால் தோல் காய்ந்து தடிப்பாகி சொரசொரப்பாகச் செதில்கள் போன்று தோன்றுகின்றன.

- மூச்சுத்திணறல் ஏற்படும்

தடுக்கும் முறை

ஒவ்வொருவருக்கும் ஒரு நாளைக்கு வைட்டமின் 'ஏ' யின் தேவையான அளவு அட்டவணை—2 ல் காண்க.

அட்டவணை—2 ஒரு நாளைக்கு வைட்டமின் 'ஏ' யின் தேவையான அளவு

பிரிவு	விபரம்	வைட்டமின்—ஏ (மை.கி)	
		ரெட்டினால் (மை.கி)	β—கரோட்டின் (மை.கி)
ஆண்	சராசரி	600	2400
பெண்	கர்ப்பிணிப் பெண்	600	2400
	பாலூட்டும்தாய்	950	3800

வைட்டமின் 'ஏ' சத்து நிறைந்த உணவுப் பொருட்களை சாப்பிடுவதன் மூலம் இந்நோய்கள் வராமல் தடுக்கலாம்.

 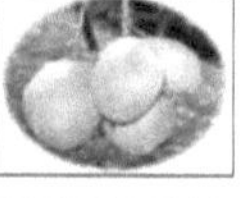

வைட்டமின் 'ஏ'சத்துநிறைந்த உணவுப் பொருட்கள்

மீன்எண்ணெய்,ஈரல், வெண்ணெய் ,நெய், முட்டை, பால், பால்பவுடர், கீரைகள், கேரட், பூசணி மற்றும் மஞ்சள்பழங்களான பலா, மாம்பழம், ஆரஞ்சு,தக்காளிப்பழம் போன்றவற்றில் வைட்டமின் —'ஏ' சத்து உள்ளது. இவற்றை தொடர்ந்து எடுத்துக்கொள்ளும்போது வைட்டமின் 'ஏ'பற்றாக்குறை நோய்கள் தவிர்க்கப்படுகின்றன.

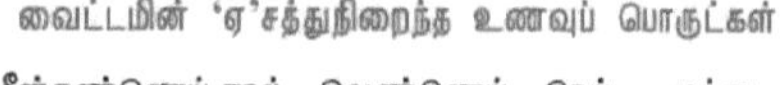 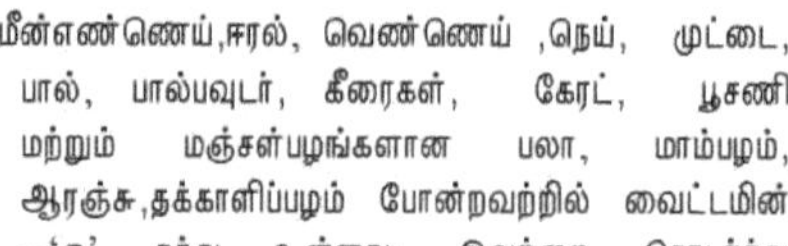 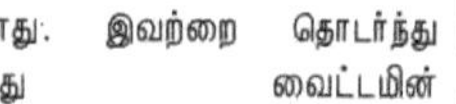    

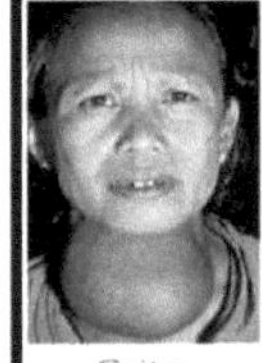
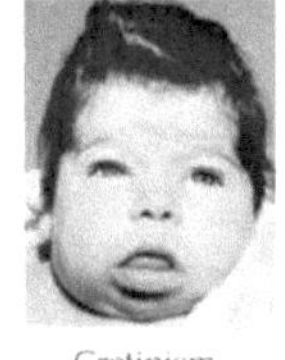

அயோடின் பற்றாகுறை நோய்

 நமது உடல் வளர்ச்சிக்கும், மூளைவளர்ச்சிக்கும் தேவையான தைராக்சின் என்ற ஹார்மோனை நமது கழுத்துப் பகுதியிலுள்ள தைராய்டு என்ற நாளமில்லாச் சுரப்பி சுரக்கின்றது.

 இந்த ஹார்மோன் நாம் சாப்பிடும் உணவை சிதைத்து நமக்கு தேவையான சக்தியை அளிக்கிறது.

 ஆனால் உடல் வளர்ச்சிக்கும், மூளைவளர்ச்சிக்கும் தேவையான தைராக்சின் என்ற ஹார்மோன் சுரக்கப்பட வேண்டுமெனில் 0.1 கிராமிலிருந்து 0.15 கிராம் அயோடின் என்ற தாது உப்பு தேவைப்படுகிறது.

 இந்த சத்து குறைவினால் கழுத்துப் பகுதியில் உள்ள தைராய்டு என்ற நாளமில்லா சுரப்பியின் செயல் திறன் பாதிக்கப்பட்டு வீங்கி பெரியதாக வளர்ந்து விடுகிறது.

 இதனால் கழுத்தின் முன்பகுதி பருத்துக் கழுத்துக் கழலை என்ற நோய் உண்டாகிறது.

இதைக் கவனித்து சிகிச்சை அளிக்காமல் விட்டுவிட்டால் கழுத்துக் கழலை வருவதைத் தவிர உடலில் எந்த மாற்றமும் உடனே இருக்காது.

ஆனால் நாட்கள் ஆக ஆக தைராய்டு புற்று நோய் ஏற்படுகிறது.

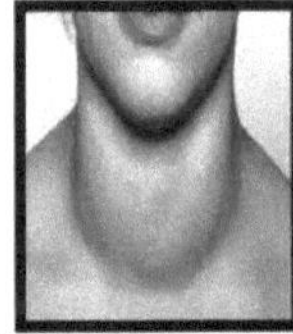
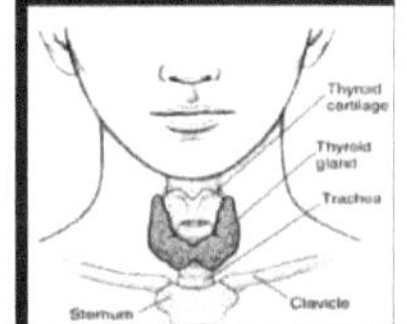

- இது கருப்பையில் கருவின் வளர்ச்சியை தடை செய்கிறது.
- கர்ப்பிணி பெண்களுக்கு இந்த பற்றாக்குறை இருந்தால் பிறக்கும் குழந்தை கிரிட்டினிசம் என்ற நோயுடன் பிறக்கிறது.
- கர்ப்பிணி பெண்கள், குழந்தைகள் மற்றும் கல்யாண வயதிலுள்ள ஆண்கள், பெண்களுக்கு அயோடின் அதிகமாக தேவைப்படுகிறது.
- எனவே இவர்களுக்கு இந்த நோய் வருவதற்கான அதிக வாய்ப்புகள் உள்ளன.

தடுக்கும் முறை

அட்டவணை–3 ஒரு நாளைக்கு தேவையான அயோடின் அளவு

விவரம்	அயோடின் (மை.கி)
சராசரி பெண்	150
கர்ப்பிணிப் பெண்	175
பாலூட்டும் தாய்	200

அயோடைஸ்டு உப்பு

சாதாரண உப்புடன் மிகச்சிறிய அளவில் அயோடின் சத்துள்ள கூட்டுப்பொருள் கலந்து தயாரிப்பது அயோடைஸ்டு உப்பு என்று அழைக்கப்படுகிறது.

- உதிரியான அயோடைஸ்டு கல் உப்பு — ரூ2.00—2.50
- உதிரியான அயோடைஸ்டு தூள் உப்பு — ரூ2.50—3.00
- பொட்டலமிடப்பட்ட அயோடைஸ்டு தூள் உப்பு — ரூ3.00—4.50
- சுத்திகரிக்கப்பட்ட அயோடைஸ்டு தூள் உப்பு — ரூ6.00 மற்றும் அதற்கு மேல்

மலைப்பகுதியில் விளையும் காய்கறிகளை உணவில் சேர்க்கும் போது அவற்றை சமைப்பதற்கு அயோடின் சேர்க்கப்பட்ட உப்பையே பயன்படுத்த வேண்டும்.

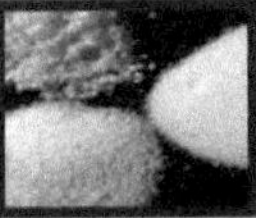

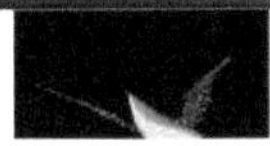

அயோடின் சத்து நிறைந்த உணவுப்பொருட்கள்

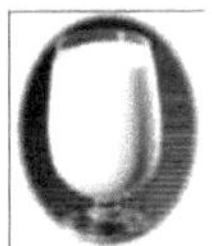

அயோடின், கடல்மீன் வகைகளில் (300 முதல் 3000 மை.கி/ கி.கி) வரையுள்ளது. பழங்கள், கீரைகள், தானியங்கள், மாமிசவகைகள், பால் மற்றும் முட்டை போன்றவற்றிலும் அயோடின் காணப்படுவதால் இவற்றை தொடர்ந்து எடுத்துக் கொள்ளும் போது இந்த குறை நோய் தவிர்க்கப்படுகின்றது

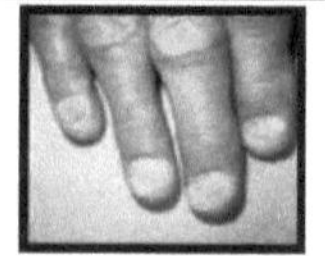

அனீமியா (இரத்தச் சோகை)

  இரத்தச் சோகை என்பது உடம்பில் ஓடும் இரத்தத்தில் உள்ள இரத்த அணுக்களில் இரும்புச் சத்து குறைவதால் உண்டாகிறது.

இது உடலை விரைவில் சோர்வடையச் செய்து நமது வேலை செய்யும் தறமனைக் குறைக்கின்றது, அதோடு மட்டுமல்லாமல் உடலை பிற நோய்களுக்கும் உட்படுத்துகிறது.

காப்பிணி பெண்களுக்கு இரத்தச்சோகையிருந்தால் குழந்தை இரத்தச்சோகையோடு பிறப்பது மட்டுமல்லாமல் பிரசவ நேரத்தில் அதிக சிக்கலை ஏற்படுத்துகிறது.

அறிகுறிகள்

➡ இரத்தசோகை வந்தவர்கள் முகம் வெளிறிய நிலையில் சோர்வுடன் காணப்படுவர்

➡ அவர்களுக்கு சரியான பசி இருக்காது

➡ மூச்சு விடத் திணறுவர்

➡ அவர்கள் உடல்பெருத்து காணப்படுவதோடு வாய்க் கசப்பும் ஏற்படும்

➡ இவையெல்லாம் இரத்தச்சோகையின் அறிகுறிகள்.

கொக்கி புழுக்களின் தாக்குதல்

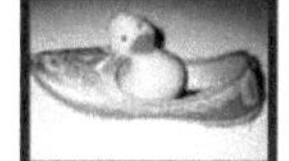

 நாம் எவ்வளவு நன்றாகச் சாப்பிட்டு உடலை ஆரோக்கியமாக வைத்திருந்தாலும், நாம் கொக்கி புழுக்களின் தாக்குதலுக்கு ஆளாகும் போது இரத்தச் சோகை ஏற்படுகிறது. காரணம், ஒரு நாளைக்கு ஒன்று முதல் மூன்று சொட்டு இரத்தத்தை உடம்பிலிருந்து ஒரு புழு உறிஞ்சுகிறது. இந்த கொக்கி புழு மண்ணிலிருந்து தான் உடம்புக்கு வருகிறது.

 அதாவது குழந்தைகள் மண்ணில் விளையாடும் போதும், நாம் காலணியின்றி நடக்கும் போதும் இப்புழுக்கள் காலில் முள்போல் தைத்து உடம்பில் புகுந்து விடுகின்றன. பின் இரத்த ஓட்டத்தில் கலந்து உடலின் பல பகுதிகளுக்கும் சென்று தங்கி அங்கிருந்து தனக்குத் தேவையான அளவு இரத்தத்தை உறிஞ்சி சுகமாக வாழ்ந்து கொண்டு நம்மை கொஞ்சம் கொஞ்சமாகக் கொன்று விடுகின்றன. எனவே நாம் அனைவரும் காலணி அணிவது இன்றியமையாததாகும்.

இரத்தச்சோகை வந்தவர்கள் குணமாக வேண்டுமெனில் இரும்புச்சத்து மாத்திரை ஒரு நாளைக்கு ஒரு வேளையாவது எடுத்துக் கொள்ள வேண்டும். உடல் சராசரி நிலையை அடையும் வரை எடுத்துக் கொள்ள வேண்டும். ஆனால் இது சிலருக்கு மாற்று விளைவுகளை உண்டாக்குவதாக கண்டுபிடித்துள்ளனர்.

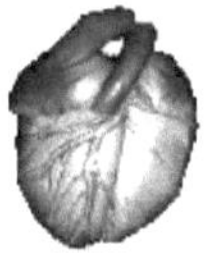

அதாவது மேல் வயிறு வலித்தல், நெஞ்செரித்தல், வாந்தி, மலச்சிக்கல் மற்றும் வயிற்றுபோக்கு போன்றவை ஏற்படுகின்றன. நல்ல வழி என்னவெனில் இரும்புச்சத்து நிறைந்த உணவுகளை அதிகமாகச் சாப்பிடுவதே ஆகும்.

தடுக்கும் முறை

ஒவ்வொருவருக்கும் ஒரு நாளைக்கு தேவையான இரும்புச் சத்தின் அளவு அட்டவணை—4 ல் காண்க.

அட்டவணை—4 ஒரு நாளைக்கு தேவையான இரும்புச் சத்தின் அளவு

பிரிவு	இரும்புச்சத்து (மி.கி).
ஆண்	28
பெண்	30
கர்ப்பிணித் தாய்	38
பாலூட்டும் தாய்	30

பெண்களுக்கு அதிக இரத்தயிழப்பு இருப்பதால் பொதுவாக அவர்களுக்கு அதிகளவு (30 மி.கி.) குறிப்பாக கர்ப்பிணிப் பெண்களுக்கு (38 மி.கி) தேவைப்படுகிறது.

இதேபோல் வயது வந்தோர் (50 மி.கி.) மற்றும் குழந்தைகள் (12 மி.கி.) போன்றோர்க்கும் அதிக அளவு இரும்புச்சத்து தேவைப்படுகிறது.

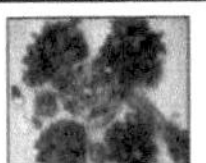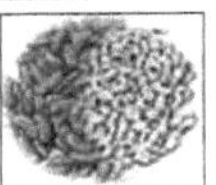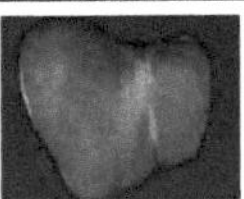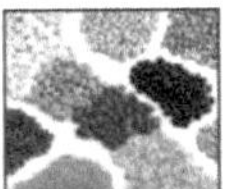

இரும்புச்சத்து நிறைந்த உணவுகள்

கம்பு, சோளம், கேழ்வரகு மற்றும் மக்காச்சோளம், பருப்பு வகைகள், சோயாமொச்சை, கீரைகள், பழங்கள் மற்றும் எண்ணெய் வித்துக்கள், ஈரல், முட்டை, மீன் மற்றும் பேரிச்சம்பழம் போன்றவற்றில் இரும்புச்சத்து அதிகமாகக் காணப்படுவதால் இவற்றைத் தொடர்ந்து சாப்பிடும்போது இரத்தசோகையைத் தடுக்கலாம்.

இரும்புச் சத்தை உட்கிரகிக்க ஊக்குவிக்கும் மற்றும் தடைசெய்யும் உணவுப்பொருட்கள்

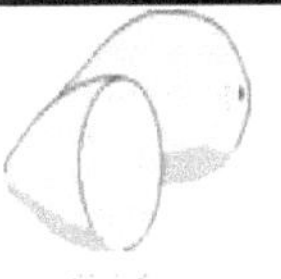

காய்கறிகளில் இருந்து கிடைக்கப்பெறும் இரும்புச்சத்தை முறையாக கிரகித்திட வைட்டமின் 'சி' கலந்த உணவுவகைகளை உணவுடன் சேர்த்துக் கொள்ள வேணடும்.

உணவு அருந்திய உடனே அல்லது ஒரு மணி நேரத்திற்குள் தேனீர், காபி அருந்துவது கூடாது. அப்படி அருந்தினால் உடம்பில் இரும்புச்சத்து உட்கிரகிக்கப்படுவதை குறைக்கும்.

ரைபோபிளேவின் பற்றாக்குறை

 ஒவ்வொருவரும் தங்களுக்கு தேவையான வைட்டமின் 'பி' சத்தினை தினமும் எடுத்துக் கொள்ள வேண்டும்.

 அவ்வாறு எடுக்கத் தவறும் போது அந்தச் சத்தின் பற்றாக்குறை நோய்க்கு நம் உடல் பாதிக்கப்படுவதோடு உடல் ஆரோக்கியத்திற்கும் கேடு ஏற்படுகிறது.

 வைட்டமின் 'பி' பற்றாக்குறை நமது உடலில் அதிக பாதிப்புகளை ஏற்படுத்துகிறது.

 இதனால் நாக்கில் புண் ஏற்படுதல், வாயின் ஓரத்தில் புண் ஏற்படுதல் மற்றும் உதடுகளில் புண் ஏற்படுதல் போன்ற பற்றாக்குறை நோய்கள் ஏற்படுகிறது.

ரைபோபிளேவின்
பற்றாக்குறை
அறிகுறிகள்

வாயின் ஓரத்தில் புண் ஏற்படுதல்

 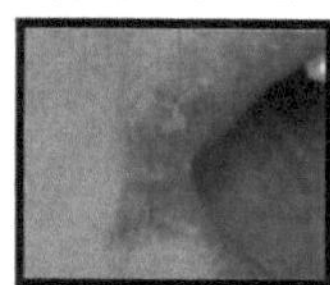

உதடுகளில் புண் ஏற்படுதல்

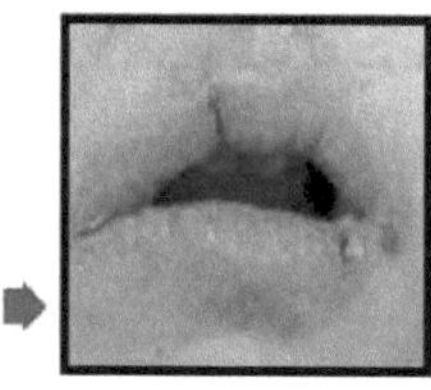

நாக்கில் புண் ஏற்படுதல்

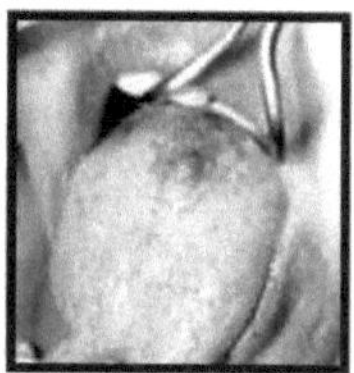

வைட்டமின் 'பி2' சத்து நிறைந்த உணவுப் பொருட்களை சாப்பிடுவதன் மூலம் இந்நோய்கள் வராமல் தடுக்கலாம்.

வைட்டமின் 'பி2' (ரைபோபிளேவின்) சத்து நிறைந்த உணவு வகைகள்

உடல் நலன் செய்திகளை பெறும் இடங்கள்

 தொலைக்காட்சி

 ரேடியோ

 செய்தித்தாள்

 அறிவியல் புத்தகங்கள்

 ஆரம்ப சுகாதார நிலையங்கள்

 அரசு மருத்துவமனைகள்

 தனியார் மருத்துவமனைகள்

 ஆராய்ச்சி நிலையங்கள்

1. சத்துக்கள் நிறைந்த உணவுகளை சாப்பிட வேண்டும்.

2. மாதத்திற்கு ஒரு முறையாவது உடம்பை பொதுவான 'செக்—அப்' செய்ய வேண்டும்.

3. மருத்துவரின் ஆலோசனைப்படி நடத்தல் வேண்டும்.

4. சுத்தம் மற்றும் சுகாதரமான நிலையை பேணிக்காத்தல் வேண்டும்.

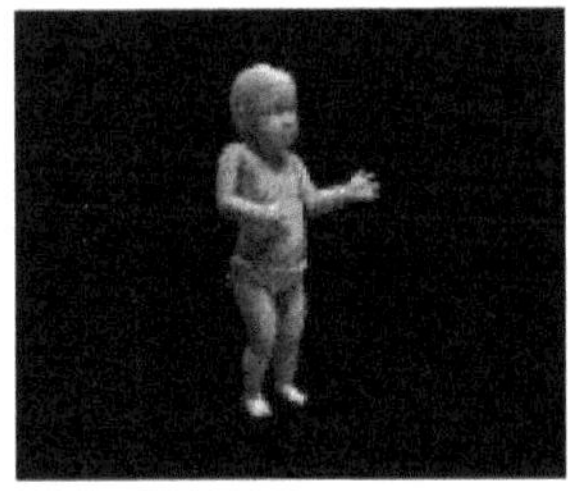
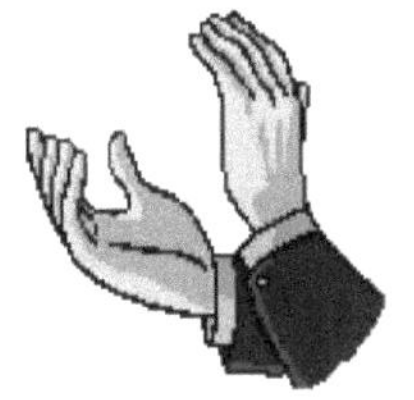

Printed by Books on Demand GmbH, Norderstedt / Germany